U0271876

发达县域

特色农业产业多功能开发研究

——以晋江市胡萝卜产业为例

◎ 陈志峰 郑百龙 蔡章棣 等 编著

中国农业科学技术出版社

图书在版编目（CIP）数据

发达县域特色农业产业多功能开发研究：以晋江市胡萝卜产业为例／
陈志峰等编著．—北京：中国农业科学技术出版社，2017.10
ISBN 978-7-5116-3279-1

Ⅰ.①发… Ⅱ.①陈… Ⅲ.①胡萝卜-蔬菜园艺-产业发展-研究-晋江市
Ⅳ.①F326.13

中国版本图书馆 CIP 数据核字（2017）第 239313 号

责任编辑　　徐定娜
责任校对　　贾海霞

出 版 者　　中国农业科学技术出版社
　　　　　　北京市中关村南大街 12 号　　邮编：100081
电　　话　　（010）82109707（编辑室）　　（010）82109702（发行部）
　　　　　　（010）82109709（读者服务部）
传　　真　　（010）82109707
网　　址　　http://www.castp.cn
经 销 者　　各地新华书店
印 刷 者　　北京科信印刷有限公司
开　　本　　787 mm×1 092 mm　　1/16
印　　张　　14
字　　数　　282 千字
版　　次　　2017 年 10 月第 1 版　　2017 年 10 月第 1 次印刷
定　　价　　36.00 元

《发达县域特色农业产业多功能开发研究
——以晋江市胡萝卜产业为例》

编著人员

陈志峰　郑百龙　蔡章棣

李友加　徐慎娴　王海平

陈德阳　唐敬源　许标文

洪巧云　严小燕

前　　言

随着经济社会发展，我国城市化水平持续提高，使得当前依然呈现人口和经济活动向大城市集中、城市用地面积增加、城市结构复杂化的发展趋势；同时，经济社会的发展依赖资源环境的投入，但我国经济发达地区的淡水、土地、矿产、能源、森林等资源已经因过度开发而出现不协调和结构失衡现象，特别是出现了空气、水、声环境和固体废物污染等生态环境恶化问题，一定程度上影响了经济发展和居民健康。发达地区在整体上已经进入了农户以非农收入为主的阶段，农业比重下降速度加快。

农业是基础性产业，在国民经济中居于战略地位。我国农业自 20 世纪 80 年代以来已经获得了令人瞩目的成就，农产品的生产经营和农民生活经历了跨越式发展，实现了巨大转变。当前我国农业生产已经发生了根本性的变化，农产品由长期的供给不足转变为总量基本平衡、丰年有余，农业和农村经济发展进入了新的阶段。在此背景下，农业的功能观念已经从原来仅以食物生产为目标，转变为追求环境可持续性、经济可行性和社会公平等多种发展目标。农业产值相对下降的重要原因，是伴随着经济的增长，人们对农产品需求的增长要相对慢于对非农产品需求的增长，但并不意味着经济发展和体制改革的结果是农业可以被替代。这是因农业除了生产农产品功能外，还具有生态功能、旅游观光功能、教育功能和农民增收功能等非经济功能，这些功能以及其对经济社会发展的贡献，逐渐得到认识和重视。

晋江是福建省综合实力最强的县市，也是我国经济最发达县市之一，其综合竞争力 2012 年位居全国百强县（市）第五位，综合创新能力列全国县级市第六位，经济实力连续 17 年位居福建省县域经济之首。2014 年晋江市农、林、牧、渔业生产总值为 18.64 亿元，占泉州市总量的 10.82%，占福建省总量的 0.93%。而 2014 年晋江市工业生产总值为 942.44 亿元，占泉州市总量的 29.60%，占福建省总量的 9.04%。晋江市经济的快速发展与全国其他沿海发达地区相似，是改革开放经济浪潮的成果。经济发展的格局主要以牺牲农业、促进工业为导向，特别是一些小型民营工业企业的快速发展促使地方经济得到快速发展。但由于在各种条件和意识的制约中，经济发展的同时也付出了严重的环境代价。特别是工业发展中，企业厂房在建设和基础设施建设等方面大量占用了耕地或农田。

21世纪初，随着厦门城市化进程的加快，城市范围不断扩大，大量的耕地逐步被城市用地取代，耕地面积的不断减少。晋江的自然条件与厦门市郊区自然环境比较相似，特别是在土壤方面，都属于沙质土壤。更因为种植胡萝卜比生产粮食的效益高很多。因此，大量原本在厦门郊区的胡萝卜种植户不断向晋江及周边地区转移。到2016年晋江市的胡萝卜种植面积已经超过4 000hm²（1hm² = 15亩，全书同），是我国目前南方种植胡萝卜面积最大的县域。经过外来种植户和本地种植户在技术、资金的相互补充，晋江的胡萝卜产业取得了很大的成绩。但是，由于导向不明朗、信息不充分以及外部市场的冲击，原本取得快速发展的胡萝卜产业也不断出现价格大幅度波动、种子价格太高等障碍。如何评估产业的效益和价值，促进产业竞争力的提高成为近年来政府和种植户的困惑。

"跳出农业抓农业"，这对于长期从事农业生产的农业经营主体和农业管理的相关部门已经非常熟悉，怎么"跳"？"跳"哪里？这是许多地区在农业发展上一直在探索的一个重要难点课题。由于晋江发达的县域经济特点，胡萝卜产业不仅担负着提供食品和纤维等主要经济品，同时承担着提供一系列具有多种功能的非经济品。如田园风光、文化的传承、娱乐、教育、宜人的居住环境和农村的其他经济活动等环境与社会收益。因此，在研究晋江胡萝卜产业发展问题中，就要研究产业本身生产经济品方面的发展问题，也要研究农业提供非经济品功能的发展问题。

为此，本研究课题组经过一年多对晋江市在社会经济发展、胡萝卜产业发展历程与状况、国内外胡萝卜产业状况、发达地区农业产业发展经验等方面的考察、研究，从胡萝卜的属性与特征、胡萝卜的分布状况等方面入手，结合晋江市经济社会发展和产业竞争力提升的需求，以晋江市胡萝卜产业为例研究发达县域特色农业产业多功能开发。

由于时间仓促、资料不足和研究水平有限等方面因素，存在一些不足敬请多加指正。

编著者

2017年8月

目　　录

第一章　绪　论

第一节　问题的提出

胡萝卜是一种营养价值和药用价值都比较高的蔬菜，菜药双优。胡萝卜富含的营养成分多达二十几种，特别是含有大量的 β-胡萝卜素和维生素 C。在膳食中经常摄取丰富胡萝卜素的人群，患动脉硬化、某些癌肿以及退行性眼疾等疾病的概率都明显低于摄取较少胡萝卜素的人群。在国外，β-胡萝卜素在维生素中的知名度最高。胡萝卜还有很多其他较好的保健功能。比如抗氧化、延缓衰老；促进生长发育，保护视力，维持皮肤健康；提高机体免疫力，保护肠道微生态；降压、降胆固醇，防治心血管疾病；调节血糖，预防过敏症。为此，伴随着我国国民经济的快速发展和居民生活水平的不断提高，人们对食物质量和营养的追求也在不断提升，这就促进了人们对胡萝卜需求的增加，也促进了胡萝卜产业的发展。

21 世纪初，随着厦门城市化进程的加快，城市的范围不断扩大，翔安区和同安区也不断被厦门城市范围所包含，大量耕地逐步被城市用地取代，耕地面积不断减少。同时，在经济效益方面，种植胡萝卜相比生产粮食作物生产效益要高很多，这就使得原本在厦门的胡萝卜种植户不断向周边地区转移，由于晋江的自然条件与厦门同安区和翔安区比较相似，特别是在土壤方面，都属于沙质土壤，适合胡萝卜生长的需求，使得晋江成为转移种植的首选地区。经过十来年的发展，到 2016 年晋江市的胡萝卜种植面积已经超过 4 000hm²，是我国目前南方种植胡萝卜面积最大的县域。经过外来种植户和本地种植户的相互促进，以及晋江在资金优势和晋江人敢拼的背景下，晋江的胡萝卜产业取得了很大的成绩。但是，从产业发展的可持续和拥有良好竞争力的角度分析，由于当前各方（包括政府、企业、种植大户）主要的投入和关注的焦点都集中于产中阶段，对产前和产后的关注和投入相对不足，当前主要依靠外部，因此，多年来胡萝卜种植品种单一、机械化程度低、销售市场不完善等，加上我国周边国家（越南等）近年来也开始大面积种植胡萝卜，出现年份和季节性胡萝卜产量供过于求，部分原本大量从晋江进口胡萝卜的国家（日本、韩国）不同程度地将目标转向其他地区，使得晋江胡萝卜出口市场份额不同程度的下降，从而导致胡萝卜产品价格波动较大。

同时，晋江是福建省综合实力最强的县市，也是我国经济最发达县市之一，其综合竞争力2012年位居全国百强县（市）第5位，综合创新能力列全国县级市第6位，经济实力连续17年位居福建省县域经济之首。截至2012年年底，晋江全市上市企业达37家。2014年晋江市地区生产总值1 492.86亿元，占泉州市地区的26%，占福建省经济总量的6.2%。晋江市经济的快速发展与全国其他沿海发达地区相似，是改革开放经济浪潮的成果。经济发展的格局主要是以牺牲农业、促进工业为导向的，特别是一些小型工业企业的快速发展促使地方经济得到快速发展，但由于在各种条件和意识的制约中，经济发展的同时也付出了严重的环境代价。特别是工业发展中，企业在厂房建设和基础设施建设等方面大量占用了耕地或农田。

2014年晋江市农林牧渔业生产总值为18.64亿元，占泉州市总量的10.82%，占福建省总量的0.93%。而2014年晋江市工业生产总值为942.44亿元，占泉州市总量的29.60%，占福建省总量的9.04%，具体详见表1-1。晋江农业产值远远低于泉州市的县域平均水平和福建省的县域平均水平。与其他县市相比，晋江市农业产值远低于其他大部分县市。与工业相比，农业产值占经济总产值的比重很低。

表1-1 福建省相关地区农业生产总值和平均占比值

地区	农业生产总值（亿元）	县域数/地区农业县域平均产值（亿元）	比例
晋江	18.64	1/18.64	0.93%
泉州	172.32	8/21.54	1.02%
福州	415.89	9/46.21	2.29%
厦门	23.73	1/23.73	1.18%
漳州	350.50	10/35.05	1.74%
莆田	109.86	2/54.93	2.73%
龙岩	187.81	7/26.83	1.33%
三明	244.86	11/22.26	1.11%
南平	271.60	10/27.16	1.35%
宁德	238.23	9/26.47	1.31%
福建省	2014.69	67/30.07	1.49%

注：比例指地区农业县域平均产值与全省农业总产值的比例，如未特殊标注，书中数据主要来源于《福建统计年鉴》《福建农村统计年鉴》《晋江市统计年鉴》等

经济发展水平提高最快的阶段也是资源浪费和环境质量恶化最严重的时期。随着经济的快速发展，一些负面特征也伴随着出现：一是随着工业的快速发展，人口不断增加。2014 年晋江市全市常住人口 206.5 万人，人口的快速增加对居住用地面积增加、地区结构复杂化。二是经济社会的发展依赖资源环境的投入，经济发达地区的淡水、土地、矿产、能源、森林等资源出现了匮乏、结构失衡、难以为继的现象。三是晋江工业和城市的发展出现了空气、水、声环境和固体废物污染等生态环境恶化问题，已经严重影响到经济发展和居民健康。

"跳出农业抓农业"，这对于长期从事农业生产的农业经营主体和农业管理的相关部门已经非常熟悉，怎么"跳"？"跳"哪里？这是许多地区在农业发展上一直在探索的一个重要的难点课题。由于晋江发达的县域经济特点，胡萝卜产业不仅担负着提供食品和纤维等主要经济品，同时承担着提供一系列具有多种功能的非经济品。如田园风光、文化的传承、娱乐、教育、宜人的居住环境和农村的其他经济活动等环境与社会收益。因此，在研究晋江胡萝卜产业发展问题中，就要研究产业本身生产经济品方面的发展问题；也要研究农业提供非经济品功能的发展问题。为此，如何提高晋江胡萝卜产业的竞争力，形成健康、可持续产业成为晋江市及相关部门的重点和难点。

第二节 研究的背景

中国农业在经过改革开放近 40 年的发展后，基本解决了中国人吃饱饭的问题，实现了农产品供销由长期短缺到总量基本平衡、丰年有余的历史性转变。农业的主要矛盾由总量不足转变为结构性矛盾，突出表现为阶段性供过于求和供给不足并存，矛盾的主要方面在供给侧。近几年，我国在农业转方式、调结构、促改革等方面进行积极探索，为进一步推进农业转型升级打下了一定基础，但农产品供求结构失衡、要素配置不合理、资源环境压力大、农民收入持续增长乏力等问题仍很突出，增加产量与提升品质、成本攀升与价格低迷、库存高企与销售不畅、小生产与大市场、国内外价格倒挂等矛盾亟待破解。

一、从农业经营模式看

中国农业在突破人民公社制度、实施家庭联产承包责任制的改革开放发展中解决了中国人的吃饱饭问题，这种模式因为其经营的灵活性不足和低效性已经越来越不能适应激烈的市场竞争，经营走向困难。小农经济经营模式下经营者往往只注重眼前利益，主要根据近期市场行情来决定生产什么，而且产品非常单一，结构很不合理。这种模式可能在短期内收益比较高，但是由于盲目地大量生产，产品市场很快出现饱和，价格迅速下降，收益不如预期，农户只能又再投入大量的资金去经营市场上走俏的新产品或新品种，再次走上追逐→失利→转营的怪圈（其实转营也不一定就能获得好的收益，因为农业生产周期比较长，转营开始到产品产出的这段时间，市场的产品价格都在变化）。这些都严重影响了生产者生产的积极性，还长期影响了农业的市场竞争力。

随着工业化的高速发展和农业劳动力不断向工业转移，工商资本开始投向农业，逐步出现一些"规模化"农业企业。当前，我国农业经营主体主要有六类：专业大户、家庭农场、农民合作社、社会化服务组织、龙头企业、小农户。不少地方政府利用行政力量强力推进土地集中连片，千方百计扶持所谓的龙头企业搞几千亩，甚至几万亩的大规模经营，认为政府和企业才是农业经营的未来主体，这明显没有认真分析我国的基本国情。应该说明，农业规模化经营只能适合于部分农产品（水稻、玉米等）、部分地区（平原地区）的农业生产，这部分地区出现大量的劳动力转移以及地区适合机械化生产。对于沿海丘陵地区和西北高原地区，以及以经济作物为主要发展对象的地方就很难适用。这说明农业与工业生产相比有很大的区别和局限，农产品生产相对于工业产品生产有六大自身特点：不可间断、不可倒序、不可搬移、活的生命体、遵循自然再生产与经济再生产两个规律、结果只能最终一次性显现。

由于受城市化和工业化的快速发展，农业为工业让路等方面的影响，我国农业整体布局不断走偏，带来了诸多结构性问题，主要体现在三个错位：系统错位、格局错位与利用错位。一是系统错位。人类农业有两大系统：草地农业系统和耕地农业系统。我国现在是草地农业系统越来越萎缩，"以粮为纲"的"粮食情结"使耕地大举侵占草地，耕地农业越来越发达，草地农业在逐步退化，而人类对肉食的需求又在与日俱增，人们的食物消费结构由8∶1∶1变成4∶3∶3（即过去吃8斤粮1斤肉1斤菜，今天吃4斤粮3斤肉3斤菜。1斤＝0.5千克，全书同）。草地超载过牧达到36%，超载过牧又使草场不断退化。二是格局错位。我国南方雨水充足，自古以来就是鱼米之乡，中国历史上就形成了"南粮北运"的格局。随着我国工业化、城镇化快速推进，今天南方一些地方不再种粮。广东粮食自给率不足30%，福建、浙江不到40%。中国粮食"十一连增"，主要靠的是水土光热条件差的北方生产，缺水就抽地下水，过度超采已使华北平原20多万平方千米范围内成为地球上最大的漏斗。三是利用错位。大自然安排的食物链"人吃种子、畜吃根茎叶"，然后人畜粪便还田作肥料，农业就是在这种循环中向前发展。我们今天打乱这一规律，让动物与人争粮。2013年，全国养牛1.5亿头，养羊5.6亿只，加上其他畜类和家禽消耗，饲料粮高达3.8亿吨，动物吃掉6亿吨粮食总产量的大半，近年来每年都以 10% 左右的幅度在增长。

二、从生产过程看

我国目前大多数农业生产还停留在粗犷的低级阶段，科技的投入很有限，导致我国农业面临以下尴尬局面。

首先，农产品的产量不稳定，经营者靠天吃饭。农产品的产量受天气、气候的影响很大，而目前经营者的技术不足以趋利避害而达到稳产。同时，农产品的弹性系数小，"谷贱伤农"现象经常，风调雨顺的"大年"时候所有的经营者都获得大丰收，但是供大于求，价格上不去。灾难干扰的"小年"时候收成又不好，产量没有基数。所以，经营者辛辛苦苦劳动一年下来，除去大量的化肥、农药等的投入后，最终能落入经营者口袋中的钱不多。

其次，生产率低，产品质量差，市场竞争力弱。中国目前很多地方的农业生产的机械化、自动化还很低，特别是西部一些地区更是如此，生产率自然就难以跟那些农业发达国家的相提并论。生产率低带来的问题难以形成规模效益。还有，由于我国经济水平发展的历程阶段，生产者由于在质量安全意识薄弱与追求眼前利益的双重驱使下，生产技术粗糙，化肥、农药的过量使用使得我们的农产品在质量上也得不到保证，从农产品农药超标报道的频率就可见一斑。在市场经济前提下，产品性价比的高低在很大程度上决定了该产品占有市场份额的多少。据调查，我国果品中优质果仅占总产量的 40% 左右，能达到礼品果标准的产品只占总产量的 5% 左右，大量为中下等果，特别是外观更差。又据调查，进口苹果平均到岸价格大约为 3.90 元/kg，柑橘为 4.00 元/kg，香蕉为 1.90 元/kg，与我国同类水果批发价格水平相当，但整体质量明显要高。价格差不多，质量比不上别人，为求得生存我们的产品必须以更低的价格才能卖出去。其实，目前市场上进口水果的零售价是同类国产水果的两倍甚至更高。

最后，就是农产品的存储和保鲜的技术问题。这影响了我们的产品市场的开拓，销量难有新突破。

三、从营销策略看

传统的农业生产者往往只顾大量盲目的生产，不参与生产后的销售问题，这往往造成产销脱节，这就导致生产者不能及时地掌握市场的信息，不能根据市场细微的变化制定相应的营销策略。从产品销售方面看，有时候产品的滞销不是因为供求失衡的原因，而是营销策略的问题。传统的经营者忽视经营销售的重要性，或重视但发展能力有限。因此，急于求成等因素使得经营者忽略品牌形象的树立。一个好的品牌形象就是一份巨大的无形资产，是销售量好的一个保证。很多地方特色产品，市场上还难找到很受消费者青睐的、在消费者心目中有一定地位的本地农产品品牌，即使有，很有可能又出现在产品生产过程中没有把好质量关，从而导致品牌形象的下降，自己砸自己的招牌情况。另外，就是中国农产品市场上交易多数都是初级产品，没有注重产品价值的进一步挖掘——缺少对产品的深加工。产品深加工不仅可以提升产品自身的附加值，更可增加产品的多样性、拓宽市场、提高市场的竞争力和适应性。

四、从谁来种田的方面看

一是农业后备军的培养。全国六千多万留守儿童，加上两千多万随父母到城里漂流读书的孩子，这个群体就是中国未来农业的后备军。农民进城打工，虽然挣了一些钱，与务农相比即期收益有所提高，但许多无形的、非物质性损失和未来长期性损失是不可估量的。"一万打工钱，三代离别泪。"特别是儿童教育问题，目前可以说是令人忧心。六千多万留守儿童和城市中两千多万的"小漂族"是中国未来农业的后备军，未来职业化农民只能从这个群体中产生，他们的综合素质问题事关农业现代化的成败。不抓好他们的教育，农业现代化只能是"空话"。我国即将有600多所本科院校改成职业技术学院，这是一件符合中国实际的好事。农村教育，尤其贫困地区、农业大区的教育，应改变千军万马挤一条独木桥的现状，由精英教育模式改为生存教育模式，让大多数孩子从小就学习掌握一门生存发展的技能，以此培养大量的"留得住、用得上"的乡土人才。印度有一万多个教育机构，80%以上都是培养技能型人才。美国正在开展"工匠运动"，在社区兴办"工匠空间"。美国总统奥巴马于2014年6月18日举办"白宫工匠嘉年华"活动，并拟拨1 250万美元作为奖金，奖励全国工匠教育和培训。美国把这项活动作为培养制造业人才的平台。这些都值得我们深思。

二是"后打工族"的后顾之忧。"后打工族"是指由于年龄、身体、技能等方面的原因，不得不返回家乡重新务农的农民工。随着时间的推移，这个群体越来越庞大。他们的生存状态关乎和谐社会的进程和中国现代化的质量。当一些80后、90后农民工拖着拉杆箱，哼着网络歌曲三三两两进城寻梦时，一些上了年纪的农民工正陆陆续续扛着标志性的蛇皮袋卸甲归田。但这绝不是荣归故里，更不是衣锦还乡，而是一种苦涩的选择，一种无奈的回归。之所以打道回府，要么是年龄大了，干不动了；要么是自身的技术不能及时升级，干不了了；要么是伤病缠身，不能干了。他们是被城市"干完活走人，市民权免谈"政策遗弃的一族。从表面上看，"后打工时代"表现为用人企业与农民工之间的矛盾，背后隐藏的却是现行的农民工体制，无法保证他们在年青时完成从农民到市民的转型。由于各方面都不愿意支付农民工向产业工人转化所需的成本，大多数农民工来到城市之后，无法实现"能力再造"，无法享受与城市居民相同的就业、住房、社会保障、卫生服务、教育等方面权益，只能日复一日、年复一年从事简单的、机械的、低水平的劳作，通过出卖体力和青春的方式换取在城市稍作停留的机会。一旦没有体力可出、青春可换，那么"回家"也就成了农民工唯一而又无奈的选择。"用之而不养之，用之而不护之，用之而不留之"，"后打工时代"集中体现了我国现行农民工体制的弊端，集中反映了工业化对农村劳动力资源的掠夺性使用。对他们来说，从农村到城市再回到农村，是历史的宿命，想挣脱都挣脱不了。尽管中央正在出台一系列政策逐步解决农民工市民化问题，但对于老一代农民工为时已晚。

五、从社会服务体系看

一是种子被殖民化。中央已明确对粮食供给定位：中国人的饭碗必须牢牢地端在自己的手里，中国人的饭碗里主要装自己的粮食。当今控制世界有"三金说"，货币是黄金，石油是黑金，粮食是白金。发达国家正以"白金战略"，从源头上控制别国粮食安全、粮食主权。美国在种子问题上有着极强的控制力。2013年，世界销售排在前十位的种子公司中，美国占4席，第一、第二、第七、第九位种子企业都在美国。2013年，世界最大的转基因种子公司孟山都总收入149亿美元，毛利77亿美元，利润率高达51.7%。中国7 000多家种子公司不及美国一家，美国杜邦先锋的玉米种子占世界80%销量。我国是大豆的故乡、大豆的原产地，但是我国大豆已被美国转基因大豆击垮，基本上全军覆没。目前，进入我国种业的外资企业已有25家，他们均以强劲的势头挤占我国种业市场，挤兑我国种业发展。种业主权已经引起包括美国在内的各国高度关注。美国"9·11"之后出台生物国防法，日本、印度等国积极采取措施，应对种子帝国控制，争取种子民主。欧盟诸国也纷纷出台法案，防止种子被殖民化。转基因种子是种子帝国实施种子殖民化的关键手段，这是被美国人称为"屠龙战略"的一个重要组成部分。美国从1962年就开始研究转基因，到现在已有50多年历史。基因编辑器具有删除、添加、激活、抑制等多种功能。美国目前的技术可以使几乎所有的农产品都能实现转基因化。转基因是技术，是不是科学还有待验证。技术就带有主观性，科学才具有客观性。人们常说真善美，自然科学解决真、人文科学解决善、艺术科学解决美。转基因属于自然科学，只能解决真，是把双刃剑。因此，习近平总书记在这个问题上特别强调，"中国人的饭碗里主要装自己的粮食"，对于转基因问题必须坚持"研发要深入，推广要慎重"。种业是农业的基础产业，农业现代化的前提是种业现代化，粮食安全的前提是种业安全。要确保中国人的饭碗牢牢端在自己手里，就必须把种业紧紧握在自己手中。种业必须上升到国家理念、国家意志、国家战略的高度予以谋划。

二是农业资金短缺。农村金融是农村生产生活的血脉，但是从 1997 年开始，原来在农村设有网点的工、农、中建四大国有商业银行为了降低成本，纷纷将分支机构撤离农村，退出农村市场，对农村实行只存不贷，从农村"抽血"，输向城市、输向工业的一边倒方针。因此，要解决农村"钱途"问题，政策性银行必须伸腿下乡，农村本土金融必须快速成长。在市场化、全球化的今天，培育农村金融的本土力量，让农民在货币战争的"正规战"中学会"游击战"，应是一件迫在眉睫的大事。

六、从生态恶化方面看

改革开放以来，有三亿多亩耕地没了，英国有个"羊吃人圈地"运动，中国有个"房吃人圈地"运动。我们二十亿亩耕地占世界耕地面积的不足 1/10，但我们要养活占世界 1/5 的人口。我们人均耕地只是美国的 1/13，加拿大的 1/18，连比我们穷的印度人均土地都是我们的 1.2 倍。我们比美国多 10 亿人口，但美国却比我们多近 10 亿亩耕地，我们粮食总产 6 亿吨，每年还需要进口约 10 亿亩土地的产出物才能满足社会需求。全世界粮食总产 25 亿吨，参加国际贸易的只有 3 亿吨，我们每年购买 9 000 多万吨，购买量占总贸易量的差不多 1/3，小麦、玉米、大米、棉、油、糖等主要农产品样样需要进口。即便全世界粮食贸易 3 亿吨，全买来还不够我们消费半年，要是真这样，我们就成了地地道道的世界公敌，全世界有上百个国家缺粮，我们全买了，人家就完了。

耕地的数量锐减，质量也在严重退化。化肥、农药、农膜、重金属污染愈演愈烈。过去 100 年，世界人口增加了 3 倍，而用水量增加了 7 倍，水的命运就是人的命运。中国是世界上 13 个贫水国之一，人均淡水资源仅占世界平均水平的 27%，且主要集中在长江以南，占 81%，而长江以南的耕地只占全国的 36%，北方少水，且雨量时空分布不均。

至 2013 年年底，中国有水库 98 002 座，水电站 46 758 座。百米以上大坝全世界 45 000 座，中国占 22 000 座，世界第一，美国只有 6 600 座。大坝造成的生态破坏十分严重。以湖北鱼苗为例，湖北是中国四大家天然鱼苗产地，年产 200 亿尾，2007 年三峡蓄水后，年仅 2 亿尾，锐减 98%。2005 年长江水域已建成水库 45 694 座，占全国 53.7%，长江鱼类捕捞量因此由 1954 年的 45 万吨下降到近年的 6 万吨。最近美国流行的大片《拆坝》纪录美国如何为恢复生态而拆除水坝，美国人认为凡是河流都必须有自然生长的鱼类，这才是正常的生态。近年来，美国拆坝年为 50~60 座，中国人依然在筑坝，且以世界最高为骄傲，它截断的不仅仅是水，而是无数条赖以生存的生态链。物种的多样性也会因生态链的断裂而趋于消亡。

至 2011 年，全国流域面积 100 平方千米的河流已由 20 世纪 50—60 年代的 5 万多条减少到 2.29 万条，流域面积 50 平方千米的河流仅有 4.5 万条，还不及 20 世纪 50—60 年代流域 100 平方千米的数量。

水体污染不仅受到农业农药、化肥面源污染和工业废水排放污染，更受到医药的污染。我国人均消费抗生素 138g，是美国的 10 倍以上，居世界第一，我国地表水含有 68 种抗生素，有的含量高达几百纳克（工业发达国家一般小于 20ng），另有 90 多种非抗生素药物从地表水中检出，说明每个人每天只要一张嘴都在被动地吃下 150 多种药物。工业废水已经使我国产生了 260 多个癌症村。我国已有 1/3 国土被酸雨覆盖，可谓逢雨必酸。生态环境的恶化，使农业生产严重受挫，食品安全源头受阻。中央提出对生态环境损害要实行责任终身追究制，这是世界上最严厉的制度，但落实起来还需要深入细致的制度探讨，因为它时长、面广、人众，责任的分割、认定不是一件简单的事情，一些人就是抱着法不责众的心态，在不择手段地"改天换地"，"只要垒起金山银山，哪管日后洪水滔天"是他们的座右铭。杜甫当年慨叹："国破山河在"，我们今天绝不能让"国在山河破"。全社会都应克服"人是自然的主人"这一错误认识，树立"人只是自然中的一员"的正确理念。自然生态的恶化实质上是社会生态扭曲的恶果。

七、从农业的功能看

农业除了生产功能以外，还具有丰富的非经济功能。专家认为，农业相对重要性下降的重要原因是伴随着经济的增长，人们对农产品需求的增长要相对慢于对非农产品需求的增长，并不意味着经济发展和体制改革的结果是农业可以被替代。农业的功能观念已经从原来仅以食物生产为目标，转变为要同时追求环境可持续性、经济可行性和社会公平等多种发展目标。发达地区农业的非经济功能包括以下两个方面：一是社会功能。在经济发达国家和地区，由于农业"服务城市、依托城市"的本质特征，因此除了具备最基本的商品生产功能以外，还具备生态建设、休闲旅游、文化教育、出口创汇、示范辐射等多重社会功能。二是生态服务功能。发达地区的城郊农业生态系统是一个由社会、经济、自然等多方面因素组成的复合生态经济系统，不仅提供经济产品，还提供多类型的生态服务功能，包括降温增湿、缓解热岛效应、调节碳氧平衡、减轻污染、保持生物多样性、防止水土流失、涵养水源、维持河水清洁等生态调节功能，以及休闲旅游、科普求知等生态文化功能。

综合以上方面，我们可以发现，农业不仅仅是农产品生产功能。伴随社会的发展进程，特别是城市化、工业化等方面的高速发展，农业的社会功能和生态保障功能正在成为农业发展重要的一面。为此，我们在关心农业本身发展的竞争力提升时，更要重视农业的其他功能，重视农业的非经济功能。

第二章 相关概念与理论基础

　　晋江市是一个县域经济良好、工业和服务业发达的县级市，随着经济的快速发展，农业落后的状况不断显现出来，相对于第二、三产业而言，农业属于弱势产业，产业发展过程中具有众多的困难和挑战。但是农业本身又是其他产业发展的基础，具有至关重要的作用。胡萝卜作为晋江市的农业特色产业，具有食品生产的经济功能和优化社会与环境等的非经济功能。从食品生产的经济功能而言，随着产业发展从萌芽、启动、完善到成熟的过程中，晋江胡萝卜产业已经具有较强的区域优势竞争能力，但是不断暴露出来的一系列问题（种子、机械化、产品加工）需要进行产业的升级和创新；从优化社会与环境的非经济功能而言，农业是环境改善的天然净化器，是社会稳定的保障树，但是非经济功能存在外部性等方面的特征，需要政府和人们的重视和扶持。为此，本章结合产业的经济功能和非经济功能，从提升区域产业整体竞争力的角度对有关涉及的一些重要概念和理论进行阐述。

第一节　相关概念

一、县域及县域经济

（一）县域

　　县作为我国的一种地方行政区划，是国家设置的一级地方行政建制，是一种由城镇、集镇、乡村组成的行政区域单位①。它在中国行政区划体制中处于第二、第三层级，是一个具有相对独立性的基本社会和经济单元。

---

　　① 素振全，杨万钟，陆心贤主编．中国经济地理（修订四版）[M]．华东师范大学出版社，1999 年版）。中国现行的行政区划体制有三级制和四级制"第一级是省、自治区、直辖市，第二级是县、自治区和省直辖市，第三级是乡、民族乡和镇，至于在省和县之间的地区、县与乡之间的区以及市区下属的街道，在法律上不作为一种行政机关，而是七级人民政府的派出机构。内蒙古自治区的盟也是相当于地区一级的派出机构。近年来，由于大批地区改为地级市，实行市管县市体制，因而许多省区实为四级制。

我国的县制萌芽于西周，滥觞于春秋战国，确立完善于秦朝。据史料记载，秦朝初期设36郡，后达46郡，郡下设县，同时秦王朝还明文规定，万户以上的县设县令，不满万户人口的县设县长，当时全国共设800多个县；汉武帝后，全国增设为62个郡，1 314个县邑；三国两晋时，改郡设州，全国共分21个州，1 235个县；到了隋朝，当政者根据政权和军事控制的需要，完善了州、县二级行政体制，共设1 255个县；而宋朝将县建制数稳定在1 262个，到了清朝政府则实行省、道、府州、县四级行政制，全国共有1 303个县。总之，经过几千年的发展演变，我国的"县"在经济、社会、文化方面已经形成相对独立的地域实体，并且"县"是我国历史上出现的各类行政区中最稳定、沿用时间最长的行政区划。迄今为止，我国共有县（包括县级市、自治县、旗、自治旗）2 046个，这些县域经济的总量中，占全国总量的60%以上，财政收入占全国财政总收入的25%以上，人口则占全国总人口的75%以上。县域经济已经成为我国国民经济中具有综合性和区域性的基本单元。

区域，是一个为各门学科广泛使用的空间范畴①。作为地域空间，区域既是一个有确切方位和明确边界的实体，又是一个人们在观念上按某些要素集合而成，往往没有严格边界的空间概念。不同学科对区域有不同的解释。如地理学认为，区域仅仅是指地球表面的地域单元；社会学则把区域看作具有共同语言、共同信仰和民族特征的人类社会聚落；以行政学观点看，区域是国家管理的行政单元；在经济学中，人们通常把区域看作是人类经济活动的空间载体②。

县域是区域的一种特定形式，是县级行政区划范围的区域。从经济上来看，县域一般是以农业经济为基础，以经济地理特点决定的工业部门经济为支柱；同时兼有金融业、商业、服务业、信息业等非农业部门经济以及文化、教育、科技、卫生等实体。从社会角度看，县域是在一定地域空间范围基础上的、具有明确的行政管辖归属的、相对独立的一个社会集群。县域经济具有独特的资源特征，文化传统及经济特色。本研究中的县域，主要是指地理学和经济学领域。

（二）县域经济

1. 区域经济

区域经济，泛指一定区域内的人类经济活动。区域经济是一个国家经济的空间系

---

① 区域这一概念，最早是地理学开始使用。地理学认为，区域指由客观存在的众多关联要素组成，具有时序特征和立体结构的地域空间形态。地理区域又被称为自然区域，它是根据一些自然地理要素相对一段所划分的区域，但其边界是模糊的。而从政治的角度看，其划分区域的标准及其特性又会不同。

② "关于如何科学地界定经济区域，则经历了一个长期的探索过程。从古典区位论到现代区域经济学，有关农业区位、工业区位、中心地与市场区位及其流域、地带、特区、开发区等的研究，都加深了对经济区域的认识。"

统。区域经济是在一定区域范围内，由各种地域构成要素和经济发展要素有机结合，多种经济活动相互作用而形成的具有特定结构和功能的经济系统。区域经济是具有区域特色的国民经济，区域经济即特色经济。区域经济存在的客观基础就是空间差异和历史演进的统一。

首先，人类对空间的依赖性产生了经济活动的空间有限性。人类的经济活动，包括生产、交换、分配和消费各个环节，都要依托并落实到一定的地域空间。而且不同的经济活动对于稳定的地域条件具有明显的人间选择性和空间适应性。

其次，生产要素的流动不完全性，经济活动的不完全可分性和空间距离，形成经济活动的空间分异。人类的经济活动必须凭借一定的生产要素。而生产要素的不完全流动性，使得经济活动不可空间均衡化，这构成了区域经济分异物质基础。同时，要素的不完全流动性带来的空间差异，又因经济活动的不完全中分，引致了要素的地域结合和特色经济的形成。空间距离是区域经济存在的又一重要基础。有空间就有距离。要克服距离就要付出代价。即空间成本。因而，空间距离与其要素的不完全流动性，经济活动的不完全可分性共同构成区域经济存在的物质基础。

第三，市场经济的发展和政府对经济的干预是区域经济存在的社会条件。在社会劳动分工和商品经济发展的条件下，市场配置资源的规律引导经济活动主体把稀缺而分布又不均衡的经济资源，配到有效的产业部门和优势区位，使具有密切经济技术联系的经济活动在特定的地域空间集中，并吸引着周围地区的生产要素和经济主体的集聚，形成了区域经济中心、经济腹地和经济网络。与此同时，区域市场秩序的规范和区域经济运行中诸多特殊问题的解决，需要政府通过规划、政策、组织、协调进行有效干预。"看得见的手"和"看不见的手"的共同作用都是区域经济存在和发展不可缺少的社会经济条件。

2. 县域经济及县域经济学

县域经济，就是一个县域范围内的区域经济，是中国经济中基础层次的行政区域经济。

县域经济是县级行政区划（县级市，下同）内的区域经济，是我国经济相对独立的具有综合性和区域性的基本单元，是国民经济中十分重要的一个层次，它处于宏观经济之"尾"，微观经济之"首"，中观经济之"实"，是区域经济最基层的环节。

县域经济属于区域经济，是一个县范围内全部经济活动的总和，是国民经济各部门相互交织的综合体。其主要含义包括：一是县域经济具有综合性，包括工业、农业、商业、运输业、建筑业、旅游业、信息业、金融业等。二是县域经济活动在一定空间范围内，包括社会再生产的全过程，牵涉生产、分配、交换、消费等各环节，纳入上级地市经济的总盘子，直接联系乡村经济，又与各级部门、各周边地区的经济活动交织在一起，形成多层次立体交叉的三维结构。三是县域经济不是各部分经济活动的简单汇总，而是组成要素有机结合的整体。四是县域经济应属于中观经济，因为它既不属于宏观经济系统，也不属于微观经济系统。从宏观经济看，全国或全省的经济条件和经济调控手段比较齐备，而县域经济总量分析包含的范围较少，只是一种更小范围的区域经济。从微观经济看，县域经济不是一个独立的经济法人，而是县行政区划内微观经济活动量的总和。五是从条块关系看，县域经济是宏观经济与微观经济的结合部，是发展市场经济的一个重要的中间环节，不是一个"细胞"，而是一个具有超细胞功能的"细胞集合体"。六是从县域经济的地域范围看，县域经济是一种典型的区域经济，与行业经济相比，县域经济是较为完整和相对独立的经济体系。

县域经济的基本特征，可以概括为"五性"，即区域性、综合性、层次性、集聚性和扩散性。

区域性。包括经济网络的区域性，即县域经济是整个国民经济大网络中的小网络经济运行的区域，是指经济活动有些是在县域范围内进行的经济优势的区域性，即由于历史、地理和自然条件等方面的不同，县域经济一般都形成了自己的经济优势，包括产业部门优势和产品优势等。

综合性。县域经济具有类似国民经济大系统的综合性特点。既包括农业、工业、商业、交通运输业、建筑业等产业部门，又包括计划、财政、税收、物价及教育、文化、卫生等职能部门，是综合各产业各部门乃至社会单位于一体的国民经济小系统、小网络。

层次性。县域经济还可以分为乡村经济层次的基础层、乡镇经济层次的中间层和城镇经济层次的中心层，县域经济实质上是一个多层次的区域性经济网络。

集聚性。集聚是外围向中心的移动过程，是向心流动。在县域经济中，集聚的直接结果，就是中心城镇得到发育、发展、增长极得以形成。一般来说，县域经济空间结构受多种力量的交互作用而形成和变化的重要因素。县域经济的集聚现象是县域经济发展过程中的必然现象。由于区位指向和集聚引力的作用，县域经济活动往往趋向于集中在相关资源和要素集中分布的县、乡、镇政府所在地，这就增加了这些地区的集聚规模和经济活动的密集度。

扩散性。扩散是由极化中心向外围的移动过程，是离心流动。在县域经济中，扩散的直接结果，就是县域经济中的集镇经济和乡村经济因"涓滴效应"而得到发展。县、乡、镇政府为了促进县域经济整体尤其是乡村经济发展，采取相关政策诱导和鼓励集聚区的经济要素流向经济发展水平较低的非集聚区。扩散性对缩小县域经济内部经济发展水平差异具有十分重要的作用。

二、特色农业

对于"特色农业"的概念，学术界尚未形成统一界定。典型的界定主要有：农业部 2002 年印发的《关于加快西部地区特色农业发展的意见》中指出，特色农业是指具有独特的资源条件、明显的区域特征、特殊的产品品质和特定的消费市场的农业产业。谢莉（2003）认为，特色农业是根据市场需求，在具有区域比较优势的特定地域，以其特有的农业技术和经营形式，生产、加工出具有特殊品质、性能或功能，并具有特别市场竞争优势的特色农产品的产业。它最大的特点是生产的区域性、产品的珍稀名贵性，以及独特的品牌和市场价格优势。邹冬生认为，特色农业是一种可持续发展农业，在充分发掘当地特色资源的基础上，尊重自然资源，保护生态环境，合理开发，有序利用，改变粗放的农业生产经营方式，走集约化农业发展之路，发展绿色农业、现代农业。李金良等（2000）认为，特色农业是按照市场经济的客观要求，依托当地独特的地理、气候、资源、产业基础和条件形成的。相对于常规农业而言，特色农业具有一定规模优势、品牌优势和市场竞争优势，主导一定区域农村经济发展的高效农业。程炯认为，特色农业是指在特定区域资源优势条件下，通过发展与市场经济相适应的特色农产品，而形成有很强市场竞争力和显著经济效益的，有一定生产规模和产业化程度的农业生产体系。姚庆林认为，特色农业，就是充分尊重农民意愿，从当地实际出发，发展具有独特优势和产品优势，并有很强的市场竞争力和显著经济效益，有一定规模和农业产业化经营程度的市场农业。

综合诸多学者的定义中可知"特色农业"主要围绕"区域适宜性""生产高效性""产品特色性""产量规模性""市场广阔性""发展持续性"为关键落脚点进行阐述。参考前人定义并结合本研究，本研究认为，特色农业是在传统农业发展到一定阶段后，依据区域自然资源优势及生产适宜性而发展的富有地域特色的现代农业，这种农业具备规模效益优势、市场竞争优势、品质品牌优势、技术创新优势，表现形式多样。其主要包括：都市农业、旅游农业、水体农业、立体农业、绿洲农业、旱地农业等。因此，特色农业的内涵可总结如下。

1. "特色"是特色现代农业之"魂"

"你无我有""你有我优"是特色农业区别于常规农业的显著标志。"你无我有"主要是指产品品种、品质、上市的时间、营销服务等方面的优越性和特色性。"你有我优"就是指在竞争对手也有条件生产和提供同种特色产品的条件下，自身的特色农产品质量更好、服务更完善。

2. "高效"是特色农业之"根"

"你弱我强"显示特色农业是以质量和效益为标准的高效农业。不仅体现在生产的高效，而且体现在与市场和需求紧密相连，具有高投资回报率和高经济效益。

3. "规模"是特色农业之"本"

"你小我大"是指特色农业是一个系统的农业产业工程，体现在运用现代农业生产技术和管理理念，以农业产业化、规模化和集约化经营为特征的市场型农业。

4. "区域"是特色农业之"基"

"你泛我专"是在综合评估区域自然生态环境基础上，充分利用自然地理环境优势，通过合理开发和专业化生产使其有效的转化为产品优势与产业优势。

三、竞争力

1. 区域竞争力

我国在区域竞争力研究方面还未形成统一的概念，一般从财富创造理论、资源配置理论、产品提供理论及经济实力理论等方面加以界定，本研究将其界定为在区域发展中所体现出来的资源聚合、配置优化、效率超群的优势能力。并进一步认为区域竞争力主要体现为在市场竞争环境中，具有吸引相关联的企业在空间上集群并提升该地区经济实力的能力。

对区域竞争力的评价主要体现在核心竞争力、基础竞争力、环境竞争力之和所构成的整体竞争力。其中，核心竞争力由经济竞争力、产业竞争力和对外开发竞争力构成，反映竞争主体的即时竞争力状态；基础竞争力由人力资本竞争力、基础设施竞争力和科学技术竞争力构成，是影响和制约地区竞争力的潜在因素；环境竞争力由区域管理能力和生态环境竞争力构成，是影响和制约地区核心竞争力的环境和激励因素，是影响地区核心竞争力的客观因素。

2. 产业竞争力

产业是一个介于企业（微观）和区域（宏观）之间的中观经济概念。产业竞争力亦称产业区域竞争力，指某一地区的某个特定产业相对于其他地区同一产业在生产效率、满足市场需求、持续获利等方面所体现的竞争能力。竞争力实质上是一个比较的概念，因此，产业竞争力内涵涉及两个基本方面的问题：一个是比较的内容；另一个是比较的范围。具体地说，产业竞争力比较的内容就是产业竞争优势，而产业竞争优势最终体现于产品、企业及产业的市场实现能力。因此，产业竞争力的实质是产业的比较生产力。所谓比较生产力，是指企业或产业能够以比其他竞争对手更有效的方式持续生产出消费者愿意接受的产品，并由此获得满意的经济收益的综合能力。产业竞争力比较的范围是国家或地区，产业竞争力是一个区域的概念。因此，产业竞争力分析应突出影响区域经济发展的各种因素，包括产业集聚、产业转移、区位优势等。

四、优势产业

关于优势产业的形成，经济学理论界已经对此进行了深入的分析，主要有亚当·斯密的绝对成本优势理论，大卫·李嘉图的相对成本优势理论和俄林的要素禀赋优势理论。亚当·斯密认为，如外国能以比我们制造便宜的商品供应我们，我们最好就用我们有利的产业生产出来的物品的一部分来向他们购买。根据亚当·斯密理论，一个区域将主要生产其生产成本低于其他地区的产业。大卫·李嘉图通过实例研究，认为即使两国之间，其中一国在各项产品中均能便宜的生产，两国之间同样可以开展分工和贸易，只要两国之间商品价格比率不同，每个国家都有比较利益。一个国家即使各种商品生产处于成本劣势的条件下，可通过生产相对成本劣势较小的商品出口换取相对成本劣势较大的商品，取得比较利益。瑞典的俄林在《地区间贸易和国际贸易》一书中，对比较利益的产生原因进行了深入分析，认为各国在劳动、资本等生产要素方面存在差异，而不同产品对不同的生产要素的依赖程度不同，各国在生产那些较密集的利用其较充裕的生产要素的那些商品时，必然产生比较利益。因此，每个国家和地区将出口利用其较丰富的生产要素生产的商品，而进口那些使用其稀缺资源生产的商品。

优势产业不仅包括生产这类产品和服务的完整的生产链条，同时还具备为这类产品和服务生产的信息、教育、科技和其他服务比较系统的整体，因此，单一的资源优势与相关的产业优势不尽相同。简单地说，县域优势产业就是指利用县域资源、经济、社会文化等的绝对与相对优势培育起来的具有比较优势的产业。具体地说，包括了以下几方面的内容。

1. 优势产业要有优势基础，主要是资源、社会、经济方面的优势

这些优势可能是绝对优势，也可能是相对优势。绝对优势就是优势在更大的区域中处于优势地位。相对优势如李嘉图所说，可能区域中没有一项在大范围内的优势，但可能有几类资源、产品相对于区域内其他的资源、产品劣势较小，这些相对劣势较小的资源、产品可能成为区域相对优势。如果区域许多资源、产品在大范围内具有优势，但在该区域内的县域也不能各类优势都利用，而应该优先利用其优势度更高的优势，这也是县域的比较优势。

2. 优势产业应该有优势产品作支撑

优势产业的产品可能只有一种，也可能有多种，形成县域优势产业的系列产品。

不同的产业，其具体的优势产品形式也不一定相同，有些优势产品是实体性的，而有些产品是概念性的。但总体而言，一个产业的发展要有一系列的产品为支撑。

3. 优势产业一般要有优势企业作支撑

支持县域优势产业的企业可能是一家大型企业，也可能是由若干家企业组成。但是县域的产业要形成强的优势，一般来说，该类产业有优势企业，优势企业的规模、经济效益等可能具有绝对或相对优势，即在全国乃至世界具有优势，或者在县域内具有优势。优势企业可能有一家或多家。绝对优势产业的优势企业还要有独立的技术开发能力，具有核心技术，领导产业发展。

4. 优势产业的技术在县域内具有较高水平

技术可以分为传统技术和现代技术，传统技术能够为产业增加特色，现代技术能为优势产业提升水平。较高水平的技术能够为优势产业的形成增添分量。有些优势产业具有传统技术优势，有些优势产业具有现代技术优势，而有些优势产业既有传统技术优势，又有现代技术优势。

5. 优势产业在县域内具有完善的辅助支持系统

既围绕优势产业形成一系列相关产业，形成了有利于优势产业发展的教育、科技、信息、市场营销、人才与劳动力、服务等，也形成前向和后向联系产业。这些相关产业的形成无疑有利于优势产业的发展和优势产业的持续存在，有利于保持优势产业的竞争力。一些前向联系产业还可能形成县域新的优势产业，或者凭借原有产业成为区域新的优势产业。

6. 优势产业随着时间的推移

县域内外发展条件的变化，可能会发生变化，不存在一成不变的优势产业。区域要发展的优势产业主要有三类：一是在大范围的区域内（如国家、省）具有优势的产业，这一类优势一般是绝对优势；二是在小范围内的区域内（如省的部分区域）有优势的产业；三是在本区域内（本行政区，如县级优势产业在县级行政区、地市级优势产业在地市级行政区）优势产业，即虽然区域产业均较弱，但在区域内是相对较强的产业，也可称为区域优势产业，这类优势产业具有相对优势。

优势产业与支柱产业、主导产业不同。支柱产业主要是针对产值因素来说，它在产业结构系统中占有较大份额，是国民经济的支柱。由于在国民经济中占有份额较大，因此对各产业影响较大。主导产业是相对于县域产业的影响力和带动作用来说的，包括以下四方面内容：一是主导产业是指能引导、带动国家或地区经济发展的产业；二是国家或地区的主导产业是随经济技术变化、国内外产业结构演变趋势和市场变动而有不同发展阶段；三是主导产业一般具有在当时发展阶段最高的技术装备，在开发产品、开辟市场方面应走在最前头；四是主导产业一般增长较快。从以上分析看出，优势产业的内涵应该包括了支柱产业和主导产业，具有更广泛的内涵。如果仅仅按照支柱产业和主导产业来分析县域优势产业，则许多县域将没有优势产业可言，因为许多地区经济落后，没有符合支柱产业和主导产业的产业。采用优势产业的概念，主要为了各县域，特别是许多经济基础较差的县域，能选择绝对和相对优势产业，可以更好地支持这些县域的发展。

五、产业化经营

农业产业化经营既是提高农民进入市场的组织化程度，提高农业综合生产能力的创新经营模式，也是发展农产品加工业、走新型工业化道路、壮大县域经济的战略选择。农业产业化经营这种农业经济的创新经营模式的初衷是用来解决农业自身所面临的小生产与大市场的矛盾，但实践的结果表明，它所涉及的问题已经不仅是农业本身，而被提升到一个县域实现农村工业化、城镇化和农业现代化的历史重任的高度上了。农业产业化经营这一术语，也不仅是农业经济发展的实践模式，而且是县域经济发展中的一个创新范畴。它突破了千百年来的传统思维和封闭观念，按贸工农一体化和农工商有机结合的路子有效激活了县域的第一、二、三产业之间的联动发展。开辟了工业反哺农业、城市支持农村的具体路径。

（一）国内的界定

农业产业化、农业产业化经营，是20世纪90年代我国学术界总结实践经验提出的新概念。国内最早明确提出农业产业化概念是在1992年。当时的山东省潍坊地区在实行家庭联产承包责任制和乡镇企业蓬勃崛起之后，仍感"农、工、商"这种板块式的结合，未能解决小生产和大市场的衔接和农工商利益分割的问题，经过大胆探索和认真实践，他们按照贸、工、农一体化的思路，接通农工商产业链条，打破三方利益板块，提出了"农业产业化"的概念。经过山东省和国家有关部委的总结和提倡，农业产业化逐渐得到社会各界的关注，并被写进国家"九五"国民经济和社会发展纲要①。

而农业产业化经营概念的提出，则是在1995年。根据当年《人民日报》发表的《论农业产业化》的社论，农业产业化经营被解释为"是以国内外市场为导向，以提高经济效益为中心，对当地农业的支柱产业和主导产品，实行区域化布局、专业化生产、

① 汪艳，徐勇．论农业产业化的理论基础［J］．农业经济问题，1996年第12期。规模经济的形成是农业产业化产生和发展的重要原因。发展适度规模经营是中国农业改革和发展追求的重要目标。农业产业化经营是实现农业规模经济的一条重要途径。从理论上讲，充分利用规模经济大致有两条途径：一是扩大经营主题的规模；二是靠产业群体内各经济主题的联合来实现的。

一体化经营、社会化服务、企业化管理，把产供销、贸工农、经科教紧密结合起来，形成一条龙的经营机制。"此后，一些学者纷纷提出对农业产业化经营的各种定义，综观这些界定，可归纳为以下几种。

第一种观点可称之为农业产业化①狭义论，即着重于一个侧面的认识。如有人认为，农业产业化是"农业产业系列化"，把一个农产品升格为一个系列，使农业成为包括加工、流通在内的完整的产业体系。还有人认为，农业产业化是一种新型的农业生产管理体系和经营方式。具体说就是以区域经济组织或龙头企业为依托建立起来的包括科研开发、教育培训、生产基地、产品加工和商业贸易等第一、二、三产业紧密结合，相辅相成、五位一体的综合性产业集团，是对农业及其产前、产后相关产业部门，以市场为导向，按照互利互惠原则进行适当组合、改造、拓展，形成集经科教、产加销、贸工农于一体的实行企业化管理的经济共同体。也有人把农业产业化归结为一种模式，称其为"龙型经济"。

第二种观点则可称之为农业产业化广义论，即从更加广阔的角度观察问题，如从大农业的角度来观察农业产业化。他们所理解的农业不仅包括农、林、牧、渔业，而且应该包括工业和商业，甚至文教卫生和服务行业，即"产前、产中、产后三个内容的总和"。这样一来，农业就不仅是第一产业，而且包括了第二、三产业及不能算产业的行业。有的从工业化社会的角度来观察农业产业化，所理解的农工商一体化不是在结合中共同发展，而是主要强调农业现代化的问题，或者是现代农业建设的一项重要内容，"农业产业化即农业的工厂化生产"，总之要把农业"化"到工业方面去，"化"成像工业那样。还有的从农村经济发展的全局来观察农业和农工商的关系问题，所理解的农业包括种植业和养殖业，是利用生物获得人类所需物品的生产部门，属于第一产业。他们所提出的农工商一体化，是"体"的联合或结合，而不是质的归一。他们认为农业产业化应该为"农业经济产业化"。

第三种观点可称之为发展进程论。有人从静态看，认为农业产业化是一个发展目标，即理想的发展模式，是人们对农业发展方向的一种设计，是把农业放在整个国民经济系统中运用系统论的观点进行重新定位的一种假设；有人从动态看，认为农业产业化是一个发展过程，即实践模式，是人们对农业方向的一种探索，是按照理想设计向目标推进的经济行为和行政行为。这种观点把农业产业归结为一个"完整的产业系列"，或者是包括一系列产业的"市场化、社会化、集约化农业"。另外有的强调

---

① 北京大学中国经济研究中心林毅夫教授提出，农业产业化作为一种在市场经济条件下适应生产力发展需要的崭新生产经营方式和产业组织形式，实质上是生产的专业化中国农业科学院农业经济研究所牛若峰研究员指出，农业产业一体化是"农工商、产供销一体化经营"的简称。

"化"的过程，指出"农业产业化实际上是一个过程"①。

（二）国外的界定

农业产业化经营的概念是我国基于实践的理论总结，但是，贸工农一体化或农工商一体化经营方式在国外早已有之，西方发达国家称这种经营方式为"农工商综合经营"，前美国农业部助理部长戴维斯于 1995 年 10 月在波士顿宣读他的论文时最先使用了这个词。此后这个概念被逐步广泛采用②。

所谓"农工商综合经营"，是指以农业生产为中心，把农业生产同产前部门农业生产资料的制造与供应和产后部门农副产品加工、保鲜、储存和销售组成一体，综合进行生产经营活动的一种体系。按照这个定义，农工商综合经营的出现，说明了一个国家的农业同其关联部门互相结合，彼此依存的关系日益紧密，农业专业化和社会化已达到相当高的水平，从微观上看，农工商综合经营是现代农业中农业生产企业与其关联部门工业、商业、金融、服务业，在专业化和协作的基础上紧密地联系在一起，相互协调发展、在经济和组织上连接为一体的经营形式。它是在社会分工比较发达和生产专业化、集约化水平比较高的条件下发展起来的。农工商综合经营的过程，就是农工商一体化的过程。东欧一些国家一般把这种联系和结合称作"农工综合体"或"跨单位合作"。

（三）结合定义

通过上面的讨论，本研究认为，我国"农业产业化"与国外"农工商一体化""农工一体化""农工商综合经营"没有什么本质的区别，只不过提法不同而已。在这里可以从两个角度辩证地来看：一是可以把农业产业化理解为一个过程农业由农、工、商割裂的弱质产业，变为农、工、商一体化协调发展的强质产业的过程；二是作为一种经营形式手段、体系，可以称之为农业产业化经营或者农工商一体化经营，指农业生产部门与其关联部门工业、商业、服务业在经济上和组织上联结为一体的经营形式。总之，农业产业化是 20 世纪 90 年代在山东省的农业创新实践中总结推广的农业生产新型经营模式，它是农业由传统型向现代型产业转换的过程，是农业生产经营体制和机制改革创新的过程，是农业资源、人财物和科技重组和结合的过程。农业产业化经营

---

① 陈吉之研究员认为，"可以把农业化经营界定为市场化、产业化就是在农业这一国民经济部门的内部不断扩大分工、分离和独立，成为专门化职能部门。"

② 在国外，农业一体化是市场经济高度发达的长物。在西方发达国家，农业一体化出现以前，早就形成了统一的国内市场，在日益激烈的市场竞争中，农业只有扩大经营规模，才能增强竞争力。另一方面，西方发达的基础设施和市场网络体系，高素质人才队伍，以及高度发达的现代技术都为农业一体化创造了条件。

是农业生产经营方式、组织体制和机制适应国内外市场需要的改革和创新①。

六、产业集群

（一）产业集群

我国研究专家常应用波特对产业集群的定义，即产业集群指中小企业和相关机构在一定区域内大量集聚所形成的具有稳定性、持续性竞争优势的网络集合体。

出于研究产业集群促进区域经济发展及区域竞争力提升的目的，结合本研究的视角，从而形成了本研究关于产业集群的概念，认为所谓的产业集群是大量具有互补性和生产相关性的企业在一定区域集聚，并形成持续竞争优势的网络化的产业组织形态。由此，产业集群就具有了空间上集聚、专业化分工、网络化协作、完善产业链的特性，并由自身所形成的竞争效应产生了持续不断的集群驱动力。本研究同时认为，产业集群具有不同的发展阶段，且不同阶段的驱动力亦是不同的。

通过对产业集群概念的研究，产业集群并不是一般的企业集聚，与产业集聚有显著的区别。前者是指在特定区域中，具有竞争与合作关系、且在地理上集中、有交互关联性的企业所构成的在空间范围内不断汇聚的一个过程，还包括服务供应商、服务机构、政府及其他提供专业化培训、信息、研究开发、标准制定等机构、同业公会和其他相关的民间团体等。产业集聚强调同一产业内各企业的集聚，不一定产生关联性，产业集群的重点则在于不同产业的相互配合，分工协作，产业集聚不一定会出现产业集群。

（二）农业产业集群

从区域竞争力的角度，借鉴工业集群理论，本研究认为农业产业集群是基于发挥区域农业资源禀赋优势和良好加工基础，以特色农业区域种植、大量关联农业加工企业及相关、支持企业与服务机构等在一定空间上集聚，实现农业资源优势转化为农业竞争优势的一种产业集群形式。

根据上述内涵的表述，农业产业集群具有开放性、网络性、社会文化的根植性等特点，就经济性而言，农业产业集群具有外部经济性、范围经济性、低成本性、网络经济性、区域营销性和创新性。按驱动农业产业集群的主导因子不同，将其大致可以划分为四个发展阶段，即资源优势推动的形成期、产业规模化推动的扩张期、

① 所谓农业产业化经营就是实行种、养、加和农、工商或贸、工、农一体化经营，使农户由单纯生产初级农产品向农产品深度加工综合利用转变，使农户由单纯务农向农工商综合经营转变，通过一体化经营形式，把农业的产前、产中、产后融为一体，把农业的生产经营与农产品的加工与销售连接起来使农业与现代工业、商业、金融、运输等产业紧密结合及合作，构建一种利益共享和风险共担的经济实体。

产业链条延伸和产业集聚推动的整合期以及技术创新推动的提升期。其中，农业产业集群的形成期是农业产业集群发展的初级阶段，主要是自然资源优势的推动；农业产业集群的扩张期主要是产业规模化的推动；农业产业集群的整合期是农业产业集群的经济结构改革和产业升级阶段，主要是产业链条延伸和产业集聚的推动；农业产业集群的提升期是农业产业集群发展的高级阶段，主要是科技进步和技术创新的推动，稳定规模是其重要特征。

一些领域的个别专家常将农业产业集群等同于农业产业化，其实二者具有严格区别，也具有密切的联系。农业产业化是农业产业的纵向一体化过程，强调农业生产企业在农业产业链中的扩张，它以产业链为前提并强化产业链。把农业的产、加、销各环节纳入一体化体系中，确保产业链各环节主体的价值得以实现，在这过程中并不一定会形成农业产业集群。比较而言，农业产业集群是"块状经济"，农业产业化是"带状经济"。农业产业集群要求有足够数量关联企业的参与，但农业产业化并没有量的要求。总之，农业产业集群比农业产业化的内涵要更深，范围要更广。随着我国农业产业化不断推进，农业产业集群逐渐成为产业化的高级阶段。

第二节 相关理论

一、要素禀赋理论

要素禀赋是指一个地区拥有的生产资源。包括生产要素、要素密集度、要素密集型产品、要素禀赋、要素丰裕程度等。要素禀赋理论是古典国际贸易理论的另一种观点。在其提出者赫克歇尔和伯蒂尔·奥林看来，现实生产中投入的生产要素不只是一种劳动力，而是多种，而投入两种生产要素则是生产过程中的基本条件。根据生产要素禀赋理论，在各地区生产同一产品的技术水平相同的情况下，两地区生产同一产品的价格差来自于产品的成本差别，这种成本差别来自于生产过程中所使用的生产要素的价格差别，这种生产要素的价格差别则决定于该地区各种生产要素的相对丰裕程度。

由于各种产品生产所要求的两种生产要素的比例不同，一地区在生产密集使用本地区比较丰裕的生产要素的产品时，成本就较低，而生产密集使用别地区比较丰裕的生产要素的产品时，成本就比较高，从而形成各地区生产和交换产品的价格优势。进而形成地区贸易和地区分工。此时本地区专门生产自己有成本优势的产品，而换得外地区有成本优势的产品。在国际贸易理论中，这种理论观点也被称为狭义的生产要素禀赋论。广义的生产要素禀赋论指出，当国际贸易使参加贸易的地区在商品的市场价格、生产商品的生产要素的价格相等的情况下，以及在生产要素价格均等的前提下，两地区生产同一产品的技术水平相等（或生产同一产品的技术密集度相同）的情况下，国际贸易决定于各地区生产要素的禀赋，各地区的生产结构表现为每个地区专门生产密集使用本地区比较丰裕生产要素的商品。生产要素禀赋论假定，生产要素在各部门转移时，增加生产的某种产品的机会成本保持不变。要素禀赋论是瑞典的两位经济学家赫克歇尔和伯蒂尔·奥林提出的，奥林在他的老师赫克歇尔提出观点的基础上，系统地论述了要素禀赋理论。这一理论突破了单纯从技术差异的角度解释国际贸易的原因、结构和结果的局限，而是从比较接近现实的要素禀赋来说明国际贸易的原因、结构和结果。

二、优势理论

（一）比较优势

"比较优势"理论来源于古典经济学家李嘉图的"比较生产费用"理论以及德国经济学家李斯特的"动态比较费用"学说。"比较优势"理论认为，后起国家或地区由于可以直接吸收先进国家或地区的技术，其技术成本要比最初开发的国家低得多，同时，在同样的资金、资源、技术成本条件下，还具有劳动力成本低的优势。只要在国家的保护和扶持下达到规模经济阶段，就可能发展起新的优势产业，从而在其传统的生产要素密集的分工领域内，追赶或超越先进的国家或地区。显然，这是建立在"比较费用"学说基础上的狭义的"比较优势"理论。如果从更广泛的意义上来理解，落后国家或地区在实现追赶战略的过程中，除了技术使用成本较低优势之外，还有许多相对优势，我们把落后国家或地区因"相对后进性"而潜在的全部有利条件，统称为广义上的"比较优势"。需要指出的是，"比较优势"只是为欠发达地区急起直追、加速发展提供了一种机遇或可能，要使它成为现实，不仅取决于众多条件的支持，而且还取决于它与各种条件在不同时空内的有效组合。

（二）竞争优势

"竞争优势"一词则出现的较晚，是20世纪80年代迈克尔·波特在其出版的《竞争优势》一书中提出的。竞争优势的定义是一个企业或国家在某些方面比其他的企业或国家更能带来利润或效益的优势，归根结底来源于企业为客户创造的超过其成本的价值。评价产业竞争优势的指标有很多，比如市场开拓能力、产业的工业总产值和增加值等。而波特的价值链理论认为，企业、国家或地区在某个行业中的竞争优势，实际上也是该地区在该产品价值链上某些特定的战略价值环节上具有的企业竞争优势。

比较优势和竞争优势这两种竞争力来源往往可以相互之间进行转化。具有比较优势的产业易于形成较强的竞争力，产业的竞争优势可以巩固和加强比较优势。金碚认为："各国产业在世界经济体系中的地位是由多种因素所决定的，从国际分工的角度看，比较优势具有决定性作用；从产业竞争的角度看，竞争优势又起决定性作用。而在现实中，比较优势和竞争优势实际上共同决定着各国各产业的国际地位及其变化趋势"。因此，从现代经济发展趋势看，要充分发挥产业组织的作用，将比较优势转化为竞争优势，使不具有资源禀赋的比较优势的国家和地区也能在国际分工中具有较强的竞争力。

三、农业多功能性理论

多功能农业，首先是指农业不仅能够提供各种经济品，而且能够提供大量具有多种用途与功能的非经济品。多功能直接源于农业经济品与非经济品的多样性与复杂性，所谓多样性是指数量与品种的绝对优势，这种数量与品种的繁多不仅源于经济品与非经济品的特性，还源于生产技术与过程的特性、地理位置、特殊的地形、地理条件、自然条件等。复杂性是指这些功能的抽象性、多维性以及相互间的交叉与关联。多功能农业强调农业经济品与非经济品之间的联合生产关系、农业非经济品的外部性、公共产品性质以及由这些特性所引起的市场失灵。多功能农业，还不仅指产品的多功能，而且指生产过程与活动本身的多功能性。

农业多功能概念的提出，可追溯到 20 世纪 80 年代末和 90 年代初日本提出的"稻米文化"。日本提出，日本文化与水稻种植密切相关，许多节日和庆典都根据水稻的播种、移植和收获活动确定，因此保护了日本的水稻生产就保护了日本的"稻米文化"。欧、日、韩等国特别强调农业的多功能性，强调农业对保护文化遗产、确保粮食安全、保持空间上的平衡发展、保护地面景观和环境具有不可替代的重要作用。

1992 年，联合国环境与发展大会通过了《21 世纪议程》，并将第 14 章第 12 项计划（持续农业和乡村发展）定义为"基于农业多功能性考虑上的农业政策、规划和综合计划"。1996 年世界粮食首脑会议通过的《罗马宣言和行动计划》承诺中提出，"将考虑农业的多功能特点，在高潜力和低潜力地区实施农业和乡村可持续发展政策"。同年 9 月，在马斯特里赫召开的国际农业和土地多功能特性会议认为，所有的人类活动均具有多功能性，即除了履行其基本职能外，还可以满足社会的多种需要和价值。农业亦如此，其基本职能是为社会提供粮食和原料，只是农民谋生的基础。在可持续发展范畴内，农业具有多重目标和功能，包括经济、环境、社会、文化等各个方面，对此，需要在充分考虑各区域和各国不同情况的基础上，制定一个系统的分析框架，来衡量相互联系的经济、环境、社会成本和利益。通过分析，促进对农业不同方面相互关系重新认识和思考，以制定相应政策，确保农业所涉及的各个方面协调和有机结合。

四、联合生产理论

（一）联合生产概念

联合生产是指同样的要素投入可以同时产出两种或两种以上的产品，它们在技术上相互依赖。早期的经济学家（如马歇尔）为联合生产所下的经典定义，指的是不能够分别生产、但产自共同要素的多种产品。多功能农业的提出，使经济学家开始了新一轮对联合生产的研究，分析模型基本上都将联合具体化为经济品与非经济品的联合，或公共产品与私人产品的联合，并始终围绕着政策设计。尽管从不同的观点出发，对多功能农业的理解有所不同，但所有研究者都承认一个核心的观点——经济品①与非经济品②的联合生产。在固定比例的联合生产条件下，各种联合产品不可能得到所期望的比例，结果是一种产品可能过多，另一种可能又过少。所以，如果没有需求的话，过剩的产品将被扔掉或自由处理掉。同样，联合产品的相对价值可以随着条件的变化而变化。

（二）联合生产的均衡

联合生产的均衡是指在可变比例的生产过程中，相互制约的产出品之间的比例关系。联合生产的均衡从经济品和非经济品之间的发展过程看，可以有三种关系：一是生产中经济品之间的均衡；二是生产中非经济品之间的均衡；三是生产中经济品和非经济品之间的均衡。如果在市场条件下经济品的生产能够同时提供充足的非经济品，那就不存在均衡问题。

马歇尔指出，如果产出的比例可以随投入比例的改变而改变，那么就有可能推导出每种产品的边际成本。斯塔克尔博格区分了固定比例的联合生产与可变比例的联合生产，并指出，在固定比例的情况下，如果一个新的组份能被详细说明，所有的决策规则都可以用于单个产品。但对于可变比例的联合生产，只有当厂商是一个价格接受者，且等成本曲线是严格凹性时，标准理论才可能适用。

---

①　经济品指传统意义上或狭义的农产品，如粮食、棉麻、油料、蔬菜、水果、肉制品、木材、药材、水产品等，它们具有市场价值，可以直接拿到市场上交换。

②　非经济品是传统农产品概念的延伸，指那些不具有市场价值的农业活动与效应。包括景观、生态效应、动物福利、文化的、社会的、环境的收益与损失，这一类产品或依附于经济品之上，或依附于经济品的生产过程中，或是最终产品，或是中间产品。它们有时具有物质的形态，有时却是非物质的或是一种主观感受与好恶。它们具有外部性特征，包括正外部性与负外部性。有些非经济品同时具有正外部性与负外部性特征，如动物粪便，一方面可以作为肥料，是一种正的外部性，一方面又会污染空气，而被看成是一种负外部性。

Konrad Hagedern 从技术与制度的相互作用及演变方面分析联合生产下的均衡问题，指出联合生产中社会所需要的非经济品正日益减少。原因是由于非经济品没有市场回报，如果生产非经济品时耗费了部分投入，将非经济品从生产中分离出来对于农民来说就是有利可图的，这一市场或竞争机制导致了技术的变化，如对化肥和杀虫剂的使用，通过弱化联合生产影响农业的多种功能，他把这一现象叫做分立机构，提出了可持续性机构（IOS，非市场机构或综合性机构）模型。

联合生产意味着任何经济品生产的改变，不论是由市场推动还是由政府促成的，都会使与之联合生产的非经济品水平发生变化，如果经济品与非经济品有联系，关于经济品生产方面的改革就会影响到非经济品。同样，针对非经济品的政策措施也会影响经济品的生产与贸易。

（三）联合生产分类

从投入与产出之间的技术关系上对联合生产进行分类，可分为以下三类。

物理联合。是指投入与产出的转换过程是物理过程，产出之间的关系也是纯粹的物理关系。在形成的联合产出中，要素可识别、可加减、可计量，产品也较为容易分离与识别。由于这些原因，联合不具备内在刚性，联合的强度或牢固程度很低，总是可以在成本最小化或利润最大化的原则下进行调整与组合范围经济，即进行所谓的经济联合。换句话说，经济上的联合之所以成为可能，就是因为生产过程是一种物理过程，物理联合同时也是制度联合的前提。从资源或要素的使用方面看，物理联合都是资源竞争性的。

化学联合。是指投入与产出之间的转化是一种化学过程，产品之间具有某种内在联系。化学联合的产出多数是无机物与无生命的有机物，产出的物质形态也非常丰富，常常同时产生固态、液态、气态三相物质。这一过程是在封闭系统中进行的，产出虽然在形态上、物质结构上有异于投入，但系统内物质与能量守恒，因而可以通过化学原理计算出他们之间的量的关系。也可以通过人为改变转换条件而改变物产出的结构与比例。这种联合由于投入与产出之间的内在技术关系是化学关系，所以联合强度与牢度都比较强，也即要打破联合所要花费的成本较大。

生物联合。是指投入与产出之间的转化关系是一种生物化学关系。与化学联合一样，多种产品也是不可避免地、必然地、同时地出现在同一个过程中，它们之间具有某种内在的联系。这种联合由于生物过程的内在刚性，是强度与牢度最大的一种联合，要打破这种联合几乎是不可能的，或是成本巨大的，以致在经济上没有意义，即这种联合一定存在范围经济。在形成的联合产出中，要素具有不可识别、不可加减、不可计量的特性。产出之间对于资源有时是互补的，有时是竞争的。产品主要是生命物质，同时伴随着无生命物质的产生如氧化碳与烃类、能量的转换以及形态的变化。但这种转化是在开放系统中进行的，投入与产出之间，不仅在形态上、物质结构上不同，而且整个系统中能量也不守恒。但尽管产出是联合的，它们很少是固定比例的，比例随着不同的生产方法而不同。随着生物化学技术与遗传工程技术的进步，人类对生物化学过程的干预能力已经越来越强，但比之其他领域，人力的作用范围还是非常有限的。

五、外部性

农业联合产品中的非经济品都是以外部性的形式出现的。对于单个非经济品来说，外部性与公共产品通常要求干预，如税收、补贴与价格支持等，以缩小私人成本与社会成本之间的差异。另一个主张干预的理由是，由于有搭便车的想法，人们通常并不真正暴露自己对公共产品的需求意愿。从一般意义上讲，外部性是一种事件，它会明显地有益或有损于这一事件的决策者或行为者之外的人。很明显，外部性不是这一事件本身的目的，而是这一事件的附带影响或联合"产品"，外部性的产生有时是由于技术的原因，有时则出于人为原因。外部性的基本问题是，产生正外部性的产品趋向于供给不足，因为市场不能反映正外部性的社会收益，而产生负外部性的产品又趋向于供给过剩，因为市场不能反映负外部性的社会成本，即存在市场失灵。

市场失灵，是指市场机制或价格机制不再能够真实地反映某种东西或行为的私人成本收益与社会成本收益，尤其不能真实地反映其社会成本。因为市场中决策者都是追求自身利益的经济人，当私人利益与社会利益有分歧甚至冲突时，社会利益在市场上得不到保证。衡量市场失灵的方法是比较社会成本与私人成本，通常使用边际成本。私人边际成本是指增加一单位生产所增加的成本，社会边际成本是指私人边际成本与社会边际收益之间的差额。当与外部性相联系的市场失灵出现时，需要采取措施来提供激励或拟制以将这些社会效应纳入生产决策之中，即外部性的"内部化"。

胡萝卜产业属于农产品，特别是对于晋江市这样经济发达的县域而言，外部性更加突出，主要包括以下四类。

1. 环境收益

农业外部性同时具有使用价值与非使用价值，多数外部性的社会边际收益不变或不连续，另一些可能没有社会需求。社会边际收益不变的外部性多数可以由环境政策进行管理，边际社会收益不连续则反映了强烈的地域特征，没有社会需求代表那些与农业生产没有直接联系的情况。如果不是地点特定，多数非使用价值的边际社会收益很可能是递减的、不连续的或零。环境的使用价值源于娱乐、打猎、钓鱼、野生动植物观察以及野生食品采集，非使用价值如为后代维护良好的自然与生态环境的价值，以及有些环境及物种的存在价值。

2. 乡村的宜人性

如景观、文化遗产等，有些可以通过创造市场被内部化。与环境的宜人性类似，仍然同时具有使用价值与非使用价值，多数使用价值的边际社会收益不变或不连续，非使用价值的边际社会收益递减或不连续。

3. 粮食安全

粮食安全具有使用价值与非使用价值，对于当代的人具有使用价值，而对于后代具有非使用价值。两者都可能属于社会收益不变或不连续的，收益不变反映了一个国家在不增加现有的生产水平的情况下维持潜在生产能力的可能性。

4. 动物福利

农业生产对于动物福利的影响对于某些人来说是一种负外部性，消费者对动物福利的关心主要是如何最小化这种负外部性。

六、公共产品

公共产品是指具有消费或使用上的非竞争性和受益上的非排他性的产品。公共产品很难精确识别，所以也无法提供什么时候政府应该干预，什么时候应该放任的明确界限，农业方面特别是土地的使用，如田园风景，很难将不付费的人排除风景之外。这就意味着，通过市场无法有效配置这些公共产品，更不能通过农业经济品市场有效配置农业非经济品。对于农业而言，具有很多方面的公共产品特性，具体包括如下。

1. 农业景观

不同特征的景观具有不同的价值，区分某一特定景观所在当地居民的使用价值与参观者的使用价值可以为后面的分析提供有用的政策意义。对于居民来说，使用价值是他们在日常生活中通过消费赋予景观的价值，而对于参观者，使用价值属于纯粹地方性公共产品，因为收益的产生仅对当地居民有用，并且有非竞争性与非排他性。

2. 文化遗产

文化遗产同时具有使用价值与非使用价值，典型的使用价值是参观者通过参观与农业有关的历史或文化遗产所得到的收益，因为在消费上是拥挤的或竞争的，如历史古迹很容易变得拥挤，排他机制很容易建立如在入口处收门票，所以许多遗迹可以是私人产品或俱乐部产品。多数非使用价值可能与农业传统和习惯有关，这些主要属于地方性的或一般性的纯公共产品，当这些传统与习惯具有地域特征时，它们可以是地方性纯公共产品，尽管其他地区的人可能认为这些传统与习惯具有使用价值，但对这些价值的认可主要还是当地居民，如果这些价值被所有人都认可，则它们是纯粹的公共产品。

3. 生物多样性与自然栖息地

生物多样性与自然栖息地也同时具有使用价值与非使用价值，使用价值主要是捕鱼、打猎、学习与研究机会。有些此类的价值可以归纳为公共所有资源，因为它们在消费上是竞争捕鱼、打猎与拥挤的观鸟、学习与研究机会，又因为这些资源多附着于私人农业用地上，对于外来者至少具有弱排他性。但有些非使用价值可以是纯公共产品，如有些国家，法律不允许土地所有者设置进入障碍，有些可能属于俱乐部产品，如环境托拉斯，只有托拉斯成员才能得到生物多样性与自然栖息地的信息。因为生物多样性和自然栖息地的非使用价值通常与特定的物种相联系，它们的非使用价值也可能是地点特定的纯公共产品。非使用价值强烈的地点特征使生物多样性与自然栖息地不同于景观，对于生物多样性与自然栖息地，使用价值不必超过非使用价值。

4. 防洪、土壤保护与防止水土流失

这些是纯粹的地方性公共产品，受益的地区受一定的水文条件与地理条件限制，而且对于周边地区没有溢出效应。这些服务只对有限地区具有收益，是使用价值而没有非使用价值。

5. 地下水充填

这是典型的公共资源，对外来者具有排他性、对内部人具有正式的或非正式的使用规则。多数国家都有不同的制度与法律安排来管理地下水，如政府限制个人在地下取水，农民组成的用水者协会常常排除非成员使用地下水，市政当局或市属的企业通常提供饮用水，这也会排除个别的使用者。

七、农业产业集群效应分析

（一）农业产业集群自身特征效应分析

企业在一定的区域集聚，并形成有效的竞争优势，构成一个有机整体，形成了产业集群。由于产业集群具有积极的协同性、开放性、网络性及文化根植性等特征，在集群形成之后，这些特征会使得企业获得前所未有的优势，促进企业大发展，提升了产业竞争力。而产业竞争力的提升，又会促进区域竞争力的提高。因此，二者是相互促进的过程。产业集群自身的发展能够促进区域竞争力的提升。

1. 集群的协同性效应

集群内企业不是简单的聚集在一起，也不因处于同一发展水平和从事近似的生产活动形成恶性的竞争，关键是集群内的企业形成良好的互补和协作，实现相互促进的作用。最大的优势就是大量的中小企业能在培训、金融、技术开发、产品设计、市场

营销、出口、分配等方面形成高效的网络化互动与合作，以克服其单个企业不经济的劣势，能够与比自己强大的竞争对手相抗衡而获取集体效率。产业集群这种效应可以归纳为协同性效应，在竞争中促进进步，在协作中发展壮大，这是集群不竭的发展动力和生命力的源泉所在。因此，产业集群所具有显著的竞争力优势就源自所具有的协同性效应。

2. 集群的开放性效应

产业集群是一个有机的系统，是新的有效的产业组织形式。因而作为一个有生命力的系统，必然是与外界发生着信息和物质的流通，是一个开放性的系统。这是任何系统都具备的本质属性，产业集群也不例外。因而，产业集群具有开放性的特征。产业集群的开放性保证了集群物质文化交流，既有内部之间的开放，更有集群以外的外界开放。在内部，集群内的企业进行着信息、技术交流；在外部，进行着物质、能量的流通，优势原料和产品的流通。政府在集群开放系统中影响显著，决定集群的产生、发挥、壮大，能够增强集群的竞争力，尤其对于农业产业集群而言，政府的作用无可替代。

3. 集群的网络性效应

在分工—协作的基础上，集群内生产企业及辅助产业、科研机构、中介组织等主体建立了长期自稳定的合作关系，在产业链、价值链为基础形成一种网络化组织的特征。集群的网络性是各主体的协作基础，构成了集群独特组织结构，是集群有机体的脉络，保证了集群效益的有效发挥。由这种特征所形成的效应称为集群的网络性效应。

4. 集群的根植性效应

产业集群形成与特定的区域社会文化有关，不同的区域社会文化决定集群的形成与否和发展类型。在一定社会文化背景下形成的产业集群会发挥特殊文化的作用，促进集群的进一步发展。在大致相同的背景下，集群主体往往享受着独特的优势，表现为行为的趋同性和互信性，有利于集群内企业降低交易成本和风险防范费用，从而促进集群的发展。这种有效性的积极作用被称为集群的根植性效应。

（二）农业产业集群集聚效应分析

区域集聚内的企业构成一个有机整体，增加了有效的竞争优势，形成了产业集群。在集群形成之后，大量处于同一分工的企业在协作的基础上共享集群带来的好处，并相互补充和促进，提高了整体竞争力，这就是集群的集聚效应。正是这种集聚效应提升了产业竞争力，进而有效地促进了区域竞争力的提升。根据具体的表现不同，为便于对加强效应的研究，本研究将产业集群的聚集效应归纳为资源整合效应、规模经济效应、学习与技术创新效应、空间交易成本的节约效应以及增强市场竞争力的效应等方面。

1. 集群的资源整合效应

在专业化的情况下，以产业链和价值链为基础，集群内不仅大量地集聚相同水平的同类企业，还有上游企业、下游客商，以及相互影响的相关企业，可以促使集群主体更有效地得到原料、服务及人力资本等。企业互补性保证了资源自由快速的流动，可以更高效益地进行配置，企业也可以实现更低费用地享有资源，实现了资源整合的效果，大大地提高了资源的利用效率，提升了企业竞争力优势。

2. 集群的规模经济效应

一方面，在有效的协作基础上，大量的同类企业和关联企业集聚在一起，整体规模是单个企业的加总，是单个企业规模的若干倍，规模极大地扩大，可以实现单个企业无法实现的规模经济。另一方面，集群内的企业通过一致行动，可以实现联合需求，从而形成规模化、专业化的支撑和服务，这不仅表现为资源等方面，还表现在利用公共设施方面。因此，集群作为一个整体，比单个企业取得更大的规模，同时实现集群内企业和集群整体的规模效应。

3. 学习与技术溢出的技术创新效应

正如在理论基础中分析的那样，在分工的基础上，可以促进技术的创新，大量企业集聚在一起，尤其是在文化根植效用的作用下，知识、技术溢出的效果显著，技术具有极强的外部性。首先，大量的同类水平的企业集聚在一起从事类似的活动，形成知识技术创新和传播氛围，增强学习的效果，加快了技术知识的传播，因而产业集群是新技术创新的良好载体。其次，在这种环境下，集群内的企业更容易发现技术不足和缺陷，有利于实现技术创新突破。再次，技术创新的成本和推广的费用大为降低，节约了技术创新的费用，更能驱动企业技术创新。当然，这种技术创新是广义上的，包括制度创新、组织创新、管理创新、金融创新和营销创新等。因而产业集群有利于促进企业的创新，产生了集群创新效应。

4. 空间交易的成本节约效应

相互依赖的行为关系和文化根植性等决定了集群内企业具有良好的信用，并形成了相互依赖的关系。相对分散的企业来讲，大大地降低了交易成本。如集群内的企业不必为防范交易风险花费大量费用，也更低成本地获得交易信息，同时形成规模经济，企业运输成本和交易谈判的成本均显著降低。

5. 市场竞争力的市场竞争效应增强

集群企业在一致的行动和共同遵守的行为准则的技术上，可以通过统一对外促销、规范品质标准、认同专项技术、推广共同商标、共享集群信誉等谋取单个中小企业很难具有的优势。大量密切联系的企业从事近似的生产，在内部竞争的压力下，产品品质得到保证，整体上获得市场美誉度，有利于打造区域品牌，提高整体市场竞争力，提升优势产地品牌效应，对所有企业都有极大的好处。当然，也增强了与供应商、销售商的谈判能力，甚至影响政府的产业政策导向。这种市场竞争力的增强归纳为集群的市场竞争效应。

第三章　胡萝卜概述

第一节　胡萝卜概述

一、胡萝卜的内涵与特征

（一）胡萝卜的内涵

胡萝卜（学名：*Daucus carota* L. var. *sativa* Hoffm.），又称红萝卜或甘荀，又名红萝卜、黄萝卜、红根、小人参、亚人参等，俗称土人参，雅称金笋或金参，为野胡萝卜（学名：*Daucus carota* L. var. *carota*）的变种，本变种与原变种区别在于根肉质，长圆锥形，粗肥，呈红色或黄色[①]，在根菜类蔬菜中，胡萝卜的产量、面积仅次于萝卜，居第二位。胡萝卜是一种营养丰富、质脆味美的蔬菜，它的外形美观，色泽鲜艳，味道醇香脆口，味道甜而且汁多，具有独特的药用价值，是一种可以入药可以做菜的佳品，深受人们的喜爱。生食或熟食均可，可腌制、酱渍、制干或作饲料，李时珍称之为蔬菜之王。在荷兰，胡萝卜被列为"国菜"，日本人将胡萝卜称作"长寿菜"，我国也将其誉称为"土人参"。

（二）胡萝卜的主要形态特征

1. 形态特征与生活习性

二年生草本，高 15~120cm。茎单生，全体有白色粗硬毛。基生叶薄膜质，长圆形，二至三回羽状全裂，末回裂片线形或披针形，一般长 5~15mm，宽 0.5~4mm，顶端尖锐，有小尖头，光滑或有糙硬毛；叶柄长 3~12cm；茎生叶近无柄，有叶鞘，末回裂片小或细

---

① 1992《中国植物志》第 55（3）卷 225 页：野胡萝卜：二年生草本，高 15~120cm。茎单生，全体有白色粗硬毛。基生叶薄膜质，长圆形；叶柄长 3~12cm；茎生叶近无柄，有叶鞘。复伞形花序，花序梗长 10~55cm，有糙硬毛；总苞有多数苞片，呈叶状，羽状分裂；伞辐多数，结果时外缘的伞辐向内弯曲；小总苞片 5~7，线形；花通常白色，有时带淡红色；花柄不等长，长 3~10mm。果实圆卵形，长 3~4mm，宽 2mm，棱上有白色刺毛。花期 5~7 月。产四川、贵州、湖北、江西、安徽、江苏、浙江等省。果实入药，有驱虫作用，又可提取芳香油。

长。复伞形花序，花序梗长 10~55cm，有糙硬毛；总苞有多数苞片，呈叶状，羽状分裂，少有不裂的，裂片线形，长 3~30mm；伞辐多数，长 2~7.5cm，结果时外缘的伞辐向内弯曲；小总苞片 5~7 片，线形，不分裂或 2~3 裂，边缘膜质，具纤毛；花通常白色，有时带淡红色；花柄不等长，长 3~10mm。果实圆卵形，长 3~4mm，宽 2mm，棱上有白色刺毛。

2. 根系形状特征

胡萝卜的根系发达，属深根型根菜，最大根长可达 1.8m，根出叶，根系由肥大的肉质根、侧根、根毛三部分组成。肉质根外层为次生木质部，肥厚而发达，为主要的供食部分，大部分营养贮藏其中。根的中柱为次生木质部，营养成分较少，且质地粗硬。因此，根的初皮部肥厚、心柱细小是品质优良的特征，肉质根的根长和粗细依品种而定。肉质根有圆、扁圆、圆锥、圆筒形等。根色有紫红、橘红、橘黄、白、青绿等。

3. 生物学特性

胡萝卜为半耐寒性蔬菜，发芽适宜温度为 20~25℃，生长适宜温度为昼温 18~23℃，夜温 13~18℃，温度过高、过低均对生长不利，由于胡萝卜根系发达，深翻土地对促进根系旺盛生长和肉质根肥大起重要作用。要求土层深厚的砂质壤土，pH 值 5~8 较为适宜。要求土壤湿度为土壤最大持水量的 60%~80%，若生长前期水分过多，地上部分生长过旺，会影响肉质根膨大生长；若生长后期水分不足，则直根不能充分膨大，致使产量降低。过于黏重的土壤或施用未腐熟的基肥，都会妨碍肉质根的正常生长，产生畸形根。胡萝卜的红色种含有大量的胡萝卜素，黄色种次之，白色种最少。抽苔开花后，花茎上叶片较小。在营养生长期，茎为短缩茎，着生在肉质根的顶端。短缩茎上着生叶丛。通过春化阶段后，也抽花苔，即花茎。花茎上发生分枝，即侧枝，侧枝上着生花枝。每一花枝上都有许多小的伞形花序组成一个大的复伞形花序。一株上常有千朵以上的小花，花期约一个月。果实为双悬果，成熟时分裂为二，椭圆形，皮革质，纵棱上密生刺毛。种子很小，胚常发育不良或无胚，出土力差，发芽率低至 70% 左右，播种时一般用果实作种子。

4. 胡萝卜品种性状分析

首先以贵州省实验的 7 个胡萝卜品种分析："法国阿雅"，改良黑田五寸系列，根型好，心部颜色佳的早熟品种；"比瑞"，日本杂交胡萝卜品种，抗病性和耐抽苔性较好；"黑田五寸"，自日本引进，属早熟耐热品种；"汉城六寸"，生长速度快，根皮及芯部呈鲜红色；"北海道七寸"，为近年引进的日本品种；"美国高山大根"，耐寒耐热，生长强健；"红中华 F_1"，为国产杂交新品种。7 个品种中，"比瑞""黑田五寸"

"法国阿雅""北海道七寸"的根型较好，整齐度较高；若胡萝卜极端根型分别为柱形和锥形，以上4个胡萝卜的根型按接近柱形和锥形次序依次为：柱形→"北海道七寸"→"比瑞"→"法国阿雅"→"黑田五寸"→锥形，即"北海道七寸"最接近柱形，"黑田五寸"最接近锥形。根型的研究除了直观比较外，还可以通过不同品种间平均单根重与平均根长的比值进行对比。由表3-1可知，"汉城六寸"比值7.75为最大值，"比瑞"6.27次之，说明该品种根型较粗；"黑田五寸""红中华 F_1""法国阿雅""美国高山大根"比值分别为5.69、5.63、5.43、5.16，说明该品种根型中等粗度；"北海道七寸"的比值4.16为最小值，表明该品种根型细而长。

表3-1 7个胡萝卜品种主要现状对比

品种	平均单根重（g）	平均根长（cm）	单根重/根长
法国啊雅	96	17.68	5.43
比瑞	116	18.50	6.27
黑田五寸	100	17.56	5.69
汉城六寸	101	17.40	7.75
北海道七寸	101	24.00	4.16
美国高山大根	116	22.46	5.16
红中华 F_1	106	18.82	5.63

注：资料来源于《北方园艺》2013年第20期《胡萝卜的主要性状及 β-胡萝卜素含量分析》。表3-2、表3-3同。

其次以河南引进的13个品种分析，分别为："NAYARIT"（荷兰）、"CARINI"（荷兰）、"BALTIMORE"（荷兰）、"NAPA"（荷兰）、"红日六寸参"（北京华耐）、"郑参丰收红"（郑州市蔬菜研究所）、"新红参三号"（河南豫艺）、"11-1""百日红冠"（河南豫艺）、"阪神90F₁"（上海普威）、"阪神100"（河南豫艺提供）、"雷肯德"（上海普威）、"12-1"，当地常规品种为对照（CK），具体品种植物学性状比较见表3-2，品种形状比较见表2-3。

表3-2 胡萝卜品种植物学性状比较

品种	株高（cm）	根重（g）	根长（cm）	根性指数	芯柱直径（cm）	可溶性固形物含量（%）
NAYARIT	53	136	21.7	0.88	1.8	9.1
CARINI	50	206	21.3	0.91	2.7	9.5
BALTIMORE	49	164	23.0	0.93	2.6	10.5

（续表）

品种	株高（cm）	根重（g）	根长（cm）	根性指数	芯柱直径（cm）	可溶性固形物含量（%）
NAPA	49	155	24.3	0.89	2.1	10.2
红日六寸参	53	116	18.6	0.89	1.8	89
郑参丰收红	55	208	20.1	0.93	1.8	85
新红参三号	73	204	23.0	0.92	1.8	85
11-1	69	193	20.7	0.93	1.6	89
百日红冠	75	209	21.2	0.94	1.7	95
阪神90F₁	63	295	18.9	1.00	2.3	89
阪神100	60	265	23.0	0.96	2.0	96
雷肯德	60	189	21.5	0.96	1.8	89
12-1	64	226	22.5	0.90	2.2	84
当地常规（CK）	70	199	18.5	0.85	1.5	88

表3-3　胡萝卜品种形状特征比较

品种	株态	皮色	肉色	芯色	芯都条纹	根形
NAYARIT	直立	橙红	橙红	橙红	不明显	长圆柱形
CARINI	直立	橙色	橙色	深橙色	不明显	长圆柱形
BALTIMORE	半开展	橙红	橙红	橙红	无	长圆柱形
NAPA	直立	红	红	深红	无	长圆柱形
红日六寸参	直立	橙红	橙红	橙红	不明显	长圆柱形
郑参丰收红	半开展	橙红	橙红	红	无	圆柱形
新红参三号	直立	红	红	红	不明显	圆柱形
11-1	直立	红	红	红	无	圆柱形
百日红冠	直立	红	红	红	无	长圆柱形
阪神90F₁	半开展	红	红	红	无	圆柱形
阪神100	直立	红	红	红	不明显	长圆柱形
雷肯德	开展	红	红	红	无	圆柱形
12-1	直立	深红	深红	深红	无	长圆柱形
当地常规（CK）	直立	红	红	红	无	短圆柱形

二、起源与分类

（一）起源

胡萝卜，原产于亚洲西南部，祖先是阿富汗的紫色胡萝卜，阿富汗有两千多年的栽培历史。在这之前，民间有一种说法，胡萝卜的祖先是一种杂草，也就是野胡萝卜，和它的远房亲戚们（香菜、芹菜、小茴香）一样，种子磨碎了有香气，最早的用途是一种香辛料。农学家石汉生先生有过这样精辟的总结：大凡姓"胡"的蔬菜很多是两汉西晋时由西北传入的，如胡姜、胡桃等；大凡姓"海"的蔬菜，大多是南北朝以后从海外引进的，如海枣、海棠等；大凡姓"番"的蔬菜，多数是南宋至元明时经"番舶"传入的，如番薯、番茄等；大凡姓"洋"的蔬菜，则大多为清朝时由外传入，如洋葱、洋姜等。正是这些来路众多的蔬菜丰富着我们的餐桌。看来，人类有姓，蔬菜也有姓，根据它们的姓就可以判断出它们来自哪里。

胡萝卜，到底是啥时候不远万里来到中国的，现在的说法有不少版本。大多数人认为是元朝时传入的，这在李时珍的《本草纲目·菜部》第二十六卷中有记载，"元时始自胡地来，气味微似萝卜，故名。"看样子胡萝卜就是元朝时从西域传过来的。但是，少部分人对这种看法有不同意见，在南宋的官方药书《大观本草》新修订的版本中记载着新增了六味药，胡萝卜赫然在列，说明宋代人当时有口福能吃到地道的胡萝卜了。也有相关说法，在德国和瑞士发现了距今 3 000~5 000 年人类居住的地上，有用野胡萝卜的种子磨成粉的遗址。综合分析各种说法，其中比较完整的，应是约公元 10 世纪，在阿富汗一带，野生胡萝卜被驯化成一种蔬菜胡萝卜（阿富汗为紫色胡萝卜最早演化中心，栽培历史已有 2 000 年）。后来，被驯化的胡萝卜开始周游世界，10 世纪时从伊朗传入欧洲大陆，由于地域的差异，阿富汗的紫色胡萝卜逐渐演变为短圆锥形的、橘黄色的欧洲生态型胡萝卜，尤以地中海沿岸种植最多；13 世纪，胡萝卜经伊朗传入中国，很快又入乡随俗，发展成中国长根生态型；16 世纪传入美国；日本在 16 世纪从中国引入，后分红胡萝卜和黄胡萝卜。

（二）分类

胡萝卜是高度异花授粉作物，生产上利用的品种还都是通过自然传粉繁殖的常规品种，因存在近交衰退，所以很难通过系内授粉培育出综合性状优良的品种。由于胡萝卜胞质雄性不育的发现，使得培育整齐一致的一代杂种成为可能，许多国家遗传育种专家投入了大量精力开展胞质雄性不育的研究利用工作，先后在 20 世纪 60—70 年代培育出一大批一代杂种，其中美国遗传育种家的研究工作一直处于世界领先地位，目前已全部推广使用一代杂种。前苏联在 10 年间（1979—1989 年）培育了 10 多个优质、高产、抗病的一代杂种。波兰育种家以早熟、优质、抗病、耐贮为育种目标也培育出了相应的一代杂种萝卜。由于世界各地消费习惯与种植习性的差异，欧洲、美洲、日本等国分别培育出了符合本国消费习惯的品种群，如美国和加拿大培育出以皇帝型、钱特型为代表的中长圆锥形品种群。欧洲培育出以南特型、阿姆斯特丹型为代表的中长圆柱形品种群，日本、韩国则培育出以黑田类为代表的大顶钝尖型品种群。

育种上应用的雄性不育主要有褐药型与瓣花型不育两种，其中瓣花型不育识别鉴定简单，对环境条件变化不敏感，因而应用较广。有关新型胞质雄性不育源的获得是当前许多遗传育种家研究的重点。德国 Thomas Nothnagel 博士应用几种类型的野生胡萝卜与栽培胡萝卜远缘杂交，获得三种异质型胡萝卜胞质雄性不育材料。以往育种家利用胞质雄性不育培育一代杂种的方向主要集中在早熟、形状、产量、颜色、抽苔等性状的要求上，近年又增加了抗病（叶疫病、黑腐病、根结线虫等）、园艺品质（光滑度、耐裂性、心柱粗细）、口感品质（甜度、苦味、涩味、硬度）、加工品质（胡萝卜素与糖分含量）、种子产量等综合性状的要求。随着生物技术与分子生物学技术的快速发展，作为生物技术研究的理想材料，许多国家对胡萝卜体细胞杂交技术、遗传转化与再生技术、分子标记与基因克隆技术进行了广泛深入的研究，Thomas Nothnagel 博士已经获得了 300 多个分子标记的两份遗传图谱，美国 P. Simon 对胡萝卜种属亲缘关系及重要品质性状也做了详细的分子遗传学研究。目前，由美国、德国、英国、丹麦、加拿大、巴西等国科学家组成了对胡萝卜进行分子生物学研究的国际合作组织，主要进行控制品质性状、胞质雄性不育、抗病虫等重要基因的测序与克隆、转座子标签、遗传转化等方面的研究。

当前，我国胡萝卜栽培甚为普遍，以山东、河南、浙江、云南等省种植最多，品质亦佳，秋冬季节上市。胡萝卜供食用的部分是肥嫩的肉质直根。我国栽培胡萝卜品种的应用在大致经历了以栽培地方品种为主，到引种国外品种，再到培育自己的一代杂种三阶段。20 世纪 50—70 年代，栽培的地方品种有北京鞭杆红、辽宁小顶、内蒙黄、江苏蜡烛台、陕西齐头红等；20 世纪 80—90 年代以日本黑田类为代表的常规品种成为主要的栽培品种。80 年代末至 90 年代，我国部分农业科研单位与高等院校开始进行胡萝卜育种研究。北京市蔬菜研究中心胡萝卜育种课题组与国外合作，通过引进与回交转育已经获得各种类型的雄性不育材料 30 多套，培育的优质、高产、抗病、耐抽苔的红芯系列一代杂种已在生产上大面积推广。中国农业科学院蔬菜花卉研究所也开展了选育一代杂种的研究工作，预计未来 10 年我国育种工作者利用生物技术自己培育的一代杂种将大量代替质量不稳的黑田类常规种，特别是在组织培养、原生质体融合、遗传转化及再生、控制某些重要品质性状的基因测序与克隆等方面研究工作有望取得较大进展。

胡萝卜品种按肉质根的颜色可分为红、黄、白、紫等类型。按肉质根的长短可分为长、中、短三类。按形状可分圆柱形、锥形、球形三类。按其主要用途分为生食、熟食、加工、饲料四类。

1. 根据颜色分

胡萝卜的品种很多，按色泽可分为红、黄、白、紫等数种，我国栽培最多的是红、黄两种。胡萝卜肉质细密，质地脆嫩，有特殊的甜味，并含有丰富的胡萝卜素、维生素 C 和 B 族维生素。胡萝卜的品质要求：以质细味甜、脆嫩多汁、表皮光滑、形状整齐、心柱小、肉厚、不糠、无裂口和病虫伤害的为佳。

2. 根据肉质根形状分

（1）短圆锥类型：早熟、耐热、产量低、春季栽培抽苔迟，如烟台三寸萝卜，外皮及内部均为桔红色，单根重 100~150g，肉厚、心柱细、质嫩、味甜，宜生食。

（2）长圆柱类型：晚熟、根细长、肩部粗大、根先端钝圆，如南京及上海的长红胡萝卜、湖北麻城的棒槌胡萝卜、浙江东阳及安徽肥东的黄胡萝卜、广东麦村胡萝卜等。

（3）长圆锥类型：多为中、晚熟品种，味甜、耐贮藏，如内蒙黄萝卜、烟台五寸胡萝卜、汕头红胡萝卜等。

三、胡萝卜营养价值与功效

胡萝卜不仅具有丰富的营养价值，还有较高的药用价值，菜药双优。胡萝卜在西方享有很高的声誉，被视为"菜中上品"，在荷兰被列为"国菜"之一。胡萝卜所含的营养素很全面，胡萝卜素有防治呼吸道感染、维护上皮细胞的正常功能、促进人体生长发育和参与视紫红质合成等重要的功效。《本草纲目》记载，"胡萝卜下气补中利胸膈肠胃，安五脏，令人健食，有益无损"。《医学纂要》记录胡萝卜"润肾命，壮元阳，暖下部，除寒湿"。民谚也有"冬吃萝卜夏吃姜，不劳医生开药方""萝卜上了街，药铺不用开"。现代医学认为胡萝卜味甘性平，归肺脾经，具有健脾消食化滞、补肝明目、下气止咳、清热解毒、顺肠通便、增进食欲等功效。

胡萝卜素是脂溶性的物质，只有在油脂中才能被很好地吸收。因此，食用胡萝卜时最好用油类烹调或者和肉类一起烹制后再食用，这样能保障更多的有效成分被吸收。随着人们生活水平的提高，对食品的要求也逐渐增多，随之出现了一系列胡萝卜的深加工技术，如：胡萝卜汁、胡萝卜干、胡萝卜果酱等。

1. 胡萝卜营养成分

胡萝卜主要的营养成分包括水分、蛋白质、碳水化合物、脂肪、热量、膳食纤维、钠、β-胡萝卜素、总黄酮、钙、镁、磷、铁、锌、硒、铜、尼克酸、维生素 C、维生素 A、维生素 E、核黄素、硫胺素、叶酸等。胡萝卜营养价值较高，据现代科学研究测定，每 100g 可食肉质根中，含热量 154.66kJ，蛋白质 1.1g，脂肪 0.2g，碳水化合物

8.8g，纤维素 1.1g，钙 36mg，钾 190mg，磷 27mg，钠 71.4mg，镁 14.0mg，铁 1.0mg，锌 0.23mg，硒 0.63mg，铜 0.08mg，锰 0.24mg，尼克酸 0.6mg，维生素 C 13.0mg，核黄素 0.03mg，硫胺素 0.04mg、维生素 E 0.36mg，叶酸 14μg，维生素 A 688μg。胡萝卜富含胡萝卜素，每 100g 胡萝卜中约含有胡萝卜素 1.67~12.1mg，相当于 914~6 622 IU 的维生素 A。

2. 胡萝卜功效

胡萝卜还有较好的保健功能：①抗氧化，延缓衰老；②促进生长发育，保护视力，维持皮肤健康；③防癌抗癌，降低化疗毒副反应；④提高机体免疫力，保护肠道微生态；⑤降压、降胆固醇，防治心血管疾病；⑥调节血糖，预防过敏症；⑦增进食欲，促进消化。

（1）保护视力。胡萝卜中含有大量的 α-胡萝卜素、β-胡萝卜素，α-胡萝卜素的抗氧化能力较强，食用后，会大大增强体内的抗氧化酶活性，清除代谢过程中所产生的氧自由基，避免正常的细胞遭受侵袭，彻底清除细胞内过量的"脂质过氧化物"，有效地延缓人体的细胞随年龄的增长而产生的机体老化现象。这种胡萝卜素的分子结构相当于 2 个分子的维生素 A，进入机体后，在肝脏及小肠粘膜内经过酶的作用，其中一半的成分变成了维生素 A，这种物质具有抗氧化作用，能使晶体保持透明状态，增加眼角膜的光洁度，使眼睛明亮有神，因此，胡萝卜有补肝明目的作用，可治疗夜盲症。所以，常吃胡萝卜对防治白内障等眼科疾病有明显的效果。反之，人体缺乏类叶红素时，容易引起晶体混浊而导致白内障的发生。

（2）保健脾胃。胡萝卜中含有大量的维生素 A，而维生素 A 是骨骼正常生长发育的必需物质，它细胞的增殖与生长起到促进作用，对促进机体特别是婴幼儿的生长发育具有重要意义。胡萝卜中含有的甘露醇具有排毒养颜的作用；另外，胡萝卜中含有各种酶（大约 10 多种），可以促进人体的新陈代谢；含有的铜元素、铁元素是合成血红素不可替代的物质；所含有的咖啡酸、绿草酸、没食子酸以及羟基苯甲酸等既有很好的杀菌作用，又有化滞等作用。

（3）润肠防癌。胡萝卜是一种带根皮的蔬菜，日本学者认为，带根皮的蔬菜生长在土壤里，根部和皮壳中含有大量的无机盐和营养素。根据国外的报道，常吃带根皮的蔬菜，可以增强人的体质，增强防御寒冷的能力。近年来，国内外资料有报道胡萝卜具有突出的防癌抗癌的作用。胡萝卜中含有的植物纤维果胶酸钙，能将体内积聚的有害细胞代谢的汞离子全部代谢到体外，防止人染上"水俣病"；果胶酸钙还具有很强的吸水性，可以把肠道内一些有害的环芳烃、亚硝胺及玻璃酸类等致癌物质包裹后排出体外，从而不至于毒害机体。果胶酸钙的吸水性强，在肠道中吸收人体所吸收的水分后体积很快膨胀，可以提高肠道的蠕动能力，从而有利于消化吸收，起到通便防癌的作用。

研究发现，缺乏维生素 A 的人，癌症的发病率比正常人高出至少两倍。因此，每天能吃一定量的胡萝卜，对预防癌症有很大的好处。因为，胡萝卜中所富含的胡萝卜素能转变成大量的维生素 A，因此，可以有效地预防肺癌的发生，甚至对已转化的癌细胞也有阻止其进展或使其逆转的作用。胡萝卜素转变成维生素 A 后，有助于增强机体的免疫能力，在预防上皮细胞癌变的过程中起到重要的作用；胡萝卜中含有较丰富的叶酸，为一种 B 族维生素，也具有抗癌的作用；胡萝卜中含有大量的 β-胡萝卜素和维生素 C，能够抑制癌细胞的生长；胡萝卜中有较多的木质素，可提高巨细胞的吞噬能力，能使体内的巨细胞吞噬癌细胞的活力提高 2~3 倍，提高机体免疫机制，间接地消灭癌细胞；胡萝卜中含有一种叫做糖化酵素的物质，能分解食物中的亚硝胺，可以大大地降低该物质的致癌作用。特别是长期吸烟的人，如果每天能喝上半杯胡萝卜汁，对保护肺部有很好的作用。

（4）降糖降脂。胡萝卜中还含有降糖物质，是糖尿病人的良好食品，其中所含有的某些成分，如山标酚、懈皮素等能增加冠状动脉的血流量，降低血脂，促进肾上腺素的合成，还有降压、强心的作用，是高血压、冠心病患者的食疗佳品。另外，胡萝卜富含膳食纤维，膳食纤维有利于延缓肠道葡萄糖的吸收，降低血糖上升的幅度，并能调节血糖水平，改善糖耐量，还可以增加胰岛素的敏感性。通过胰岛素互助的降糖效果，减少对胰岛素的需求。因此，日常多食胡萝卜对预防糖尿病有极大的帮助，糖尿病患者多吃胡萝卜可降低血糖，尤其生吃效果更佳。

第二节　胡萝卜主要品种和栽培模式

一、胡萝卜主要品种

一般来说，胡萝卜优良品种应具备以下几个方面特点：其一，外观商品性要好。肉质根圆柱形或圆锥形，皮色鲜亮，根茎整洁，收尾齐圆，整齐美观。其二，营养成分含量要高。肉质根含胡萝卜素、维生素 C 可溶性固形物营养成分高，保健作用好。其三，丰产潜力要大。每公顷产量在 45 000~75 000kg，而且产量稳定，不因气候变化而忽高忽低。其四，叶簇较小，叶片数少，叶茎直立或半直立，适宜增加群体密度提高产量。其五，肉质根心柱要细。肉质根表皮平滑无凸起，韧皮肥厚而心柱木质部细瘦，肉心比例为 5:1，而且肉质细密，水分适中，心柱颜色以红色或橙红色为佳。其六，抗逆性能要强。高抗花叶病毒病、灰霉病、黑斑病、软腐病、菌核病，耐旱、耐涝、耐高温。其七，肉质根周整。肉质根无分叉、无裂缝、无畸形，商品率在90%以上。除注意上述综合性状外，还要根据栽培季节及饲用、加工等特殊用途方向，选择耐抽苔、耐热、反季节和加工专用品种来栽培；肉质根粗、长、大，产量高，适用于饲喂畜禽。此外，肉质根多汁，含胡萝卜素、色素多的品种适宜加工之用。胡萝卜品种按肉质根的颜色可分为红、黄、紫等类型。按肉质根的长短可分为长、中、短三类。按形状可分圆柱形、锥形、球形三类。按其主要用途分为生食、熟食、加工、饲料四类。其中，有的是兼用类型。

品种的选择是根据气候条件和播种季节的差异来选择的。对肉质根选择要根据销售和用途选择，才能达到选择优良品种的目的，获得较高的效益。由于胡萝卜主要分为秋播和春播，其中春播由于雨水多，出苗率比较低，所以在品种的选择上要慎重。春播品种要选用耐抽苔、品质好、产量高、中早熟的品种。为此，本书只对一些适合春播的品种进行说明，具体比较全面的品种分类和状况详见附录。

京红五寸：黑田五寸类杂交种，生育期100天，中早熟，三红品种。根长18～20cm，径粗5～6cm，柱形，品质好，抗病性强，产量高，亩产5 000kg以上，适合我国夏秋季栽培。

夏优五寸：鲜红五寸类杂交种，生育期100天，中早熟，三红品种。耐热耐旱，抗病性强，适合夏季播种；柱形，产量高，品质好；根长20cm，径粗5cm，单根重250g，亩产4 500kg以上。

改良夏时五寸：夏时鲜红类杂交种，三红品种，生育期100～105天，中早熟；根形整齐一致，柱形，心细，口感好；根粗5cm，长20cm，单根重260g；品质极佳，是鲜食与加工的理想品种，亩产量达5 000kg以上；耐热耐旱，适合我国大部分地区夏秋季栽培。

春红一号：春时金港五寸类杂交种，生育期105天，中早熟；抗抽苔性强，适合我国春季播种，也适合夏秋季种植；属于三红品种。柱形，长20cm，直径5cm，单根重250g；抗逆性强，低温下肉质根膨大着色好；高产、亩产4 500kg以上。品种生育期100～105天，冬性强，根部膨大快，着色早；肉质根皮、肉、心鲜红色，心柱细，根尾部钝圆；根长18～20cm，直径约5cm，单根质量200～220g；品种适应性强，口感好，亩产约4 000kg。华北地区在3月下旬至4月初露地播种。

春红二号：红福五寸类杂交种，生育期90天，为早熟品种，是适合春夏栽培的极早熟耐热品种；属于三红品种。根形整齐，柱形；品质佳，口感好，适合鲜食与加工用；外表光滑，皮、肉、心均为鲜红色根长18cm，直径5～6cm，是适合春夏栽培的早熟耐热品种，亩产 3 500~4 000kg，适合我国大部分地区春播栽培；华北地区北部春露地栽培可在 4 月初进行，华北地区南部春露地宜在 3 月下旬播种。

红芯一号：黑田五寸类杂交种，生育期 100 天，早熟品种；属于三红品种，柱形，心细；根长 21cm，径粗 5~6cm，耐热耐旱，适合我国主产区夏秋季栽培；胡萝卜素含量较高，品质佳，是鲜食与加工的理想品种；抗病高产，亩产 5 000kg 以上。

红芯二号：菊阳五寸类杂交种，生育期 100 天，早熟品种；属于红品种。柱形，心细；根长 20cm，直径 5~6cm，平均单根重约 250g；耐热耐旱，畸形根率低；抗病高产，亩产 5 000~6 000kg。

红芯三号：金港五寸类杂交种，生育期约 105 天，中早熟，适合我国夏秋季播种；品质佳，口感好，适合鲜食与加工兼用；属于三红品种，柱形，心细；长 20cm，根粗约 5cm，亩产 5 000kg 以上。

红芯四号：北京市农林科学院蔬菜研究中心培育的杂交种，肉质根尾部钝圆，外表光滑，皮、肉、芯鲜红色，形成层不明显。肉质根长 18~20cm。径粗 5cm。单根质量 200~220g。其地上部分长势较旺，叶色浓绿。生育期 100~105 天，冬性强，不易抽苔。肉质根尾部钝圆，外表光滑，皮、肉、芯鲜红色，形成层不明显。耐低温，低温下膨大快，抗逆性强。亩产 4 000kg 左右。华北地区春播一般在 3 月下旬至 4 月初进行，大棚保护地可在 2 月下旬至 3 月上中旬播种，其他地区春播可参照当地气温适期播种。

红芯五号：北京市农林科学院蔬菜研究中心培育的杂交种，肉质根光滑整齐，尾部钝圆，皮、肉、芯鲜红色，芯柱细。根长 20cm，根粗 5cm，单根质量约 220g。其叶色浓绿，地上部分长势旺，抗抽苔性较强，生育期 100~105 天。肉质根光滑整齐，尾部钝圆，皮、肉、芯鲜红色，芯柱细。根长 20cm，根粗 5cm，单根质量约 220g。亩产量 4 000~4 500kg。胡萝卜素含量较高，每千克胡萝卜含 110~120mg 胡萝卜素。干物质含量高，口感好，适于鲜食、脱水与榨汁等加工用，播期与红芯四号大致相同。

红芯六号：杂交种，地上部分长势强而不旺，叶色浓绿；生育期 105~110 天，抗抽薹性极强，适合我国大部分地区春季露地播种或南方地区小拱棚越冬栽培；肉质根光滑整齐，柱形；皮、肉、心浓鲜红色，心柱细，口感好；肉质根长 22cm，粗约 4cm，单根重约 200g；亩产约 4 000kg；胡萝卜素含量为新黑田五寸的 3~4 倍，总胡萝卜素 140~170mg/kg，其中 β-胡萝卜素含量 100~120mg/kg，是适合鲜食与加工的理想品种。

日本红勇人 2 号：外皮、果心浓鲜红色，三红率高，根茎长 18~20cm，根质量达 200~250g。

天红 2 号：脱水干制专用品种，表皮、韧皮部、髓部均为红色，根长 18~20cm，根粗 3~4cm，平均根重 150~160g。

日本新黑田五寸参：生长期 110 天左右。肉质根椎形，底部钝圆。每 1hm² 用种 4 500~7 500g。秋播于 7 月上旬直播，10 月底至 11 月上旬收获。

日本超级黑田五寸参：由黑田五寸参选育而来，肉质根椎形，底部钝圆，单根重 350g 以上，不分叉。每 1hm² 用种 4 500~7 500g，适合出口加工。

日本三红七寸参：肉质根圆柱形，三红率在 90% 以上，底部钝圆，不分叉，比黑田五寸参长，商品性好，单根重为 250g，肉质根膨大速度快，生长期 100 天左右，每亩用种 300~400g。山东等地 6 月底、7 月初露地直播，收获可在 10 月初至 11 月上旬，产量比日本黑田五寸参类的品种高 20%。

二、胡萝卜栽培模式

目前，根据我国胡萝卜种植农艺和习惯，胡萝卜的种植模式分单作模式和复种模式两种，其中单作模式又分成平作和垄作，复种模式主要是根据种植的市场需求、土壤状况、地区气温、种植季节采用不同的搭配形式。

（一）单作模式

1. 平作种植

平作种植可减少工作量，节约种植面积，增加单位面积产量。同时，土壤土层深厚、土质疏松，适于排水良好、雨量平均、不经常灌溉的壤土和沙壤土地区。播种地块耕深 25~30cm，把平作畦，见图 2-1。

平作种植的胡萝卜条形粗短、易分叉，无论在胡萝卜种植还是收获方面，要实现机械化，则对机具的要求比较高，不易实现或成本较高，一定程度上制约着胡萝卜生产机械化的发展。

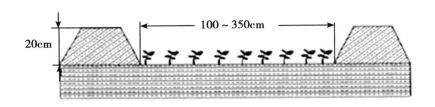

图 2-1　平作种植模式

2. 垄作种植

垄作种植可增厚耕层，提高土壤温度，便于操作、灌溉和排水，有利于提高胡萝卜商品性。垄作种植分等行距、不等行距，其中以等行距为主，又可分为一垄两行和一垄四行两种模式。一垄两行，垄距 53~56cm，垄顶宽 30cm，垄底宽 40cm，垄高

20cm，小行距8~12cm，具体见图2-2；一垄四行，垄距120cm，垄顶宽80cm，垄底宽100cm，垄高20cm，小行距20cm，具体模式见图2-2、图2-3。垄作种植需沿垄沟浇水，且水需浇透以免影响出苗。

垄作种植的胡萝卜有多种优势：加深土壤的耕深，增加土壤透气性，为胡萝卜根系发育提供更大伸展空间，对增产有明显效果；提高胡萝卜质量和品质，胡萝卜条形好且表面光滑；胡萝卜生长浅，有利于机械化作业。

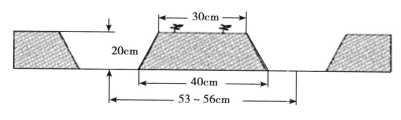

图2-2 一垄双行垄作种植模式

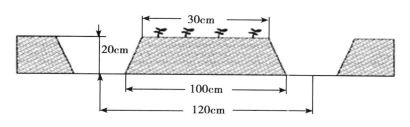

图2-3 一垄四行垄作种植模式

（二）复种模式

在国内外的很多地区，因为一年胡萝卜只能种一茬，一茬的种植时间周期在5~8个月，剩下的时间还有4~7个月，为了增加种植户的利润和效益，种植户通过试验，进行了一些复种模式的发展。

1. 胡萝卜—大白菜复种模式

具体见表3-4。

表3-4 胡萝卜—大白菜复种模式

项　目	胡萝卜	大白菜
品种	选择耐寒性强、生长期短，抗病性强，稳产的品种，如早熟品种红富、四季红等，中晚熟品种如尼丽克斯、牛顿、荷兰1070等	应选择适合当地种植的抗病性强，丰产，品质优良的品种，如金地春，旺生，四季旺等品种

（续表）

项　目	胡萝卜	大白菜
播种	播种时间一般在冬至前后，播种时进行人工开穴点播，株行距控制为 12cm×12cm 或 10cm×12cm。每穴点播种子 2 粒。播种后用细沙土堵住穴孔，防止水分蒸发	一般在 7 月下旬开始点播，株行距控制在 50cm×60cm 开穴点播，每穴点播种子 6 粒左右，深度 1～2cm，点播后随土覆盖
收获	适时收获，一般胡萝卜生长期为 110 天左右，当直径达到 4cm 时为宜	当叶球包裹紧实后及时收获，收获后及时集中清理田间尾菜

2. 春西兰花—双膜西瓜—胡萝卜复种模式

具体见表 3-5。

表 3-5　春西兰花—双膜西瓜—胡萝卜复种模式

项　目	春西兰花	双膜西瓜	胡萝卜
品种	选用抗病性强、耐低温、适合春季种植的早熟品种，如优秀、绿秀、狼眼等	选用早熟西瓜品种为宜，如郑杂 7 号，以及京欣 2 号等	一般选用高产、优质、外观漂亮的钝尖型品种，如郑参一号、丰收红
播种	春西兰花的苗期短，要采用穴盘基质育苗。元月上旬开始播种	应育大苗和早定植，在 4 月上旬选"冷尾暖头"的晴天	根据品种耐热强弱，可适当提前到 7 月中旬播种
收获	4 月初采收	7 月采收	胡萝卜收获期不严格，可根据市场行情随时采收上市

第四章　胡萝卜产业利用的市场解读

第一节　胡萝卜区域布局

一、世界胡萝卜产区分布

胡萝卜相比于其他蔬菜特点较多，优势明显。其田间管理相对简单，病虫害少，施用农药量少，所以农药污染小；生长过程中基肥为主，追肥为辅，易进行规模化种植和管理；生长期短，一年可种收两季，可作为救灾作物；耐储藏，适于长时间储藏和远距离运输。胡萝卜作为主要的蔬菜作物之一，在全球的种植面积分布较广。

据联合国粮农组织（FAO）统计数据，种植胡萝卜与白萝卜的国家和地区2003年有72个，2012年增加到124个，2014年增加到130个。2012年全球胡萝卜收获面积119.6万hm^2，总产量3 691.7万吨，单产平均水平30.9t/hm^2；2014年全球胡萝卜收获面积177.13万hm^2，收获面积前5位的国家依次是中国48万hm^2，占世界总收获面积的40.1%；俄罗斯6.8万hm^2，占世界总收获面积的5.7%；乌克兰4.8万hm^2，占世界总收获面积的4.0%；印度3.4万hm^2，占世界总收获面积的2.8%；美国3.3万hm^2，占世界总收获面积的2.8%，排名前5位的国家具体收获面积如表4-1。

表4-1　世界胡萝卜收获面积前5位国家情况　　　　　（单位：万hm^2）

国家	2008年	2009年	2010年	2011年	2012年	2014年
中国	44.1	43.3	44.6	46.4	48	40
俄罗斯	6.9	6.8	6.6	7.4	6.8	6.9
乌克兰	4.3	4.2	4.4	4.8	4.8	4.4
印度	3.0	3.0	3.2	3.3	3.4	3.5
美国	3.6	3.3	3.2	3.4	3.3	3.5

注：数据来源于FAO。表4-2、表4-3、图4-2、图4-3同。

2012年胡萝卜单产前5位的国家依次为冰岛70.5t/hm^2，乌兹别克斯坦68.4t/hm^2，以色列 62.2t/hm², 比利时 61.3t/hm², 英国 61.1t/hm², 具体如表 4-2。

表 4-2 世界胡萝卜单产前 5 位国家单产情况 (单位: t/hm²)

国家	2008 年	2009 年	2010 年	2011 年	2012 年
冰岛	72.6	80.1	68.1	75.5	70.5
乌兹别克斯坦	54.2	58.5	62.2	67.8	68.4
以色列	66.7	68.6	61.6	64.3	62.2
比利时	61.5	61.5	62.2	62.2	61.3
英国	65.2	63.8	66.1	62.3	61.1

2012 年胡萝卜总产量前 5 位的国家依次为中国 1 680 万吨, 占世界总产量的 45.5%; 俄罗斯 156.5 万吨, 占世界总产量的 4.2%; 美国 134.6 万吨, 占世界总产量的 3.6%; 乌兹别克斯坦 130 万吨, 占世界总产量的 3.5%; 波兰 83.5 万吨, 占世界总产量的 2.3%。前 5 国家 2008—2012 年的产量情况见表 4-3。我国虽然单产水平不高, 但是由于种植面积较大, 所以总产量一直稳居世界前列。

表 4-3 世界胡萝卜总产量前 5 位国家产量情况 (单位: 万吨)

国家	2008 年	2009 年	2010 年	2011 年	2012 年
中国	1 476.8	1 505.7	1 555.4	1 611.5	1 680.0
俄罗斯	153.1	151.9	130.3	173.5	156.5
美国	147.9	132.7	134.2	129.9	134.6
乌兹别克斯坦	91.1	99.5	110.7	122.1	130.0
波兰	81.7	91.3	76.5	88.7	83.5

2000 年全球胡萝卜和白萝卜产量为 2 140 万吨, 2013 年增长至 3 720 万吨, 2014 年产量达到 3 750 万吨 (图 4-1)。亚洲和欧洲是全球胡萝卜和白萝卜主要产区, 其中欧洲产量为总产量的 28%, 亚洲产量占全球产量的 54.7% (图 4-2)。

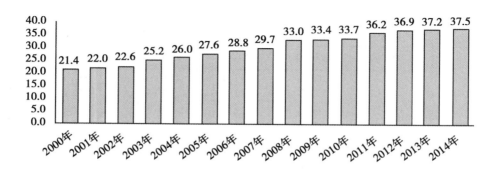

图 4-1 2000—2014 年全球胡萝卜和白萝卜产量 (单位: 百万吨)

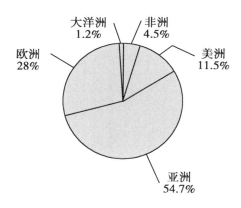

图 4-2　2000—2014 年世界各洲胡萝卜和白萝卜生产产量占比

二、中国胡萝卜栽培历史及优势区域

胡萝卜栽培主要以夏秋种植为主。北方地区一般在 7 月上中旬播种，江淮地区在 7 月中旬至 8 月中旬播种，华南地区在 7—9 月皆可播种。如山东、河南等地为 3 月中旬，京津地区为 3 月下旬至 4 月上旬，南方地区可适当早播，一般在 4 月底至 5 月中旬播种，8—9 月收获，生长期为 95～105 天。一般选择当地地表下 5cm，选择新鲜干籽直播，用量为 7.5～22.5kg/hm²。

据 2012 年和 2013 年《中国农业年鉴》统计资料，2012 年我国胡萝卜栽培面积已近 47.6 万 hm²，产量 1 640.6 万吨，平均单产 34.5t/hm²；2013 年我国胡萝卜栽培面积已近 45.8 万 hm²，产量 1 670.3 万吨，平均单产 36.5t/hm²；（由于统计口径的不同，与 FAO 统计数据有些许误差）。种植区域主要分布在华北、华中、西北、东南与东北的部分省份，其中河南省种植面积 10.5 万 hm²，山东 10.4 万 hm²，河北 4.1 万 hm²，江苏 3.5 万 hm²，福建 3.2 万 hm²，内蒙古 2.8 万 hm²，安徽 1.8 万 hm²，山西 1.6 万 hm²，陕西 1 万 hm²，新疆 1.3 万 hm²。

FAO 统计资料表明，我国胡萝卜收获面积逐年增长，2008 年和 2009 年虽然有所回落，但是总体趋势仍呈现稳步增长的走势。同时随着我国胡萝卜种植农艺水平的提高，单产水平也日益提高，明显的变化是从 2007 年的 27.3t/hm² 到 2008 年的 34.3t/hm²，增幅 20.4%。随着种植面积的不断增大和单产水平的提高，胡萝卜的年总产量也随之提高，截至 2012 年年末，我国胡萝卜年总产量达到 1 680 万吨，占世界总产量的 45.5%。图 4-3~图 4-5 分别是 2003—2012 年我国胡萝卜收获面积、单产水平和总产量情况。

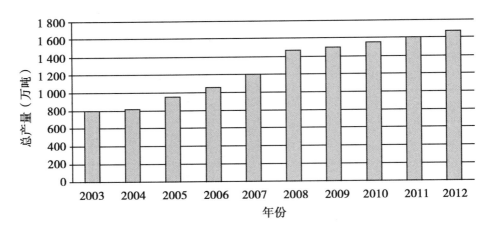

图 4-3　2003—2012 年我国胡萝卜总产量

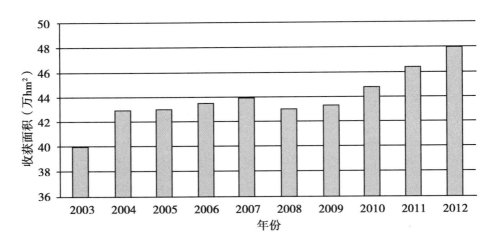

图 4-4　2003—2012 年我国胡萝卜收获面积

三、福建胡萝卜栽培历史及优势区域

福建省是我国胡萝卜主要出口省份之一，主要以鲜冷冻胡萝卜销往日本、韩国及东南亚等地。2008 年全省胡萝卜种植面积 0.96 万 hm^2，出口量 7.636 万吨，出口金额 3 670.2 万美元。形成了以厦门市翔安区、漳州市漳浦县、莆田市辖区及仙游县、泉州市晋江市和南安市、南平市浦城县等地区为主的胡萝卜生产基地，胡萝卜产业成为我省农民增收新的增长点。但随着世界各国对胡萝卜出口贸易要求越来越高，种植品种不优良、精深加工不足、质量安全有待提高等问题日益凸显，并已受到各方关注。

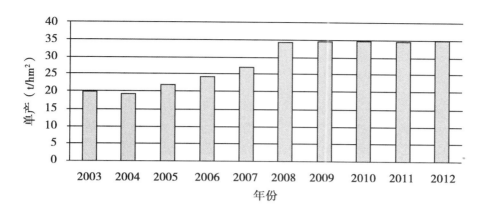

图 4-5 2003—2012 年我国胡萝卜单产水平

（一）产业现状

1. 自然条件适宜

福建省胡萝卜生产主要分布于东南沿海地区，大部分属南亚热带季风性气候区，冬季光热资源丰富，土壤多属沙壤土，土层深厚，十分适宜种植胡萝卜。

2. 品种日益丰富

福建省胡萝卜生产以出口型栽培品种为主，大部分品种均由国外引进。特别是 2003 年沿海地区开始推广的日本品种"坂田七寸"，由于"坂田七寸"的外形均匀，是种植户及经销商出口产品的首选，种植面积约占全省种植面积的 50%。而"新黑田五寸人参""三红大根金笋 636""太阳因卡""红姑娘""助农大根金笋""冠军大根金笋"等品种则由于种子相对便宜而主要作为国内市场和加工原料被各地不同程度搭配栽培。同时，各地农业部门十分重视引种工作，全省每年引进近百个新品种进行试验，以期进一步丰富我省胡萝卜生产用种，特别是近年引进多个水果胡萝卜新品种进行试验与示范，已初见成效。

3. 上市时间好，经济效益高

福建省胡萝卜收获上市期集中在 1 月中下旬至 5 月上中旬，是南方典型的胡萝卜生产地区，与我国北方胡萝卜相关主产区的收获季节有效错开，上市时间相对比较早，因此成为我国鲜冷冻胡萝卜出口的主产区。同时，也因为南方温度提升比较早、平均温度比较高，胡萝卜产量平均在 $75t/hm^2$ 以上，最高可达 $100t/hm^2$，近几年收购价基本保持在 1 300 元/t 以上，平均产值通常可达 97 500 元/hm^2 以上。由于产量高、效益好，胡萝卜种植面积规模越来越大，产业的发展亦颇迅速。

4. 设施生产初具规模

为克服秋冬旱对胡萝卜生产的影响，各地菜农大规模应用节水微喷灌设施技术。

与传统人工浇灌相比，节省 1 350个工作日/hm²，节水达 645 立方米/hm²，且肉质根生长均匀、外观好，从而提高了品质和成品率。这对秋冬旱严重和水资源较缺乏的闽南沿海地区具有重要的现实意义。

5. 标准化生产已见成效

近几年我国出口胡萝卜因农药残留超标问题而屡遭国外通报，严重影响了胡萝卜的出口和地方农业经济的发展。厦门市应用地方性标准《无公害胡萝卜栽培技术规范》（DB 3502/T 002—2009）生产胡萝卜，推行"农业部门+检验检疫部门+企业+协会（或村级组织）+农户"产业化模式。翔安区 2011 年获得农业部授予的胡萝卜全国农业标准化示范区称号，建成全国首个胡萝卜出口质量示范区。漳州市建立了胡萝卜质量管理制度，实施高产高效栽培技术示范推广和无公害栽培管理。莆田市实施了无公害胡萝卜节水栽培技术研究和推广项目，取得良好成效。胡萝卜标准化已初具规模，从而显著地提高了胡萝卜产品质量，出口渠道进一步拓宽。

（二）地市与县域情况布局

据 2003—2009 年统计数据（表 4-4），福建省胡萝卜播种面积几年来稳定在近万公顷，而总产量不断提高，单产也呈增加趋势。据 2003—2009 年统计，福建省胡萝卜出口量亦呈逐年上升趋势，2008 年出口量达 7.636 万吨，出口金额达 3 670.2 万美元。从这些数据可以看出，福建省胡萝卜种植面积相对稳定，出口量却逐年上升，贸易出口稳步发展（表 4-5）。

表 4-4　2002—2008 年福建省胡萝卜播种面积和产量

项目	2002 年	2003 年	2004 年	2005 年	2006 年	2007 年	2008 年
播种面积（万 hm²）	0.94	0.92	0.94	0.92	0.88	0.81	0.96
产量（万吨）	21.46	22.69	24.35	25.49	23.97	19.55	25.13
产量（万吨/hm²）	22.83	24.66	25.90	27.71	27.24	24.14	26.18

注：数据引自《中国农业年鉴》，下表同。

表 4-5　2002—2008 年福建省胡萝卜和萝卜出口量和出口金额

项目	2002 年	2003 年	2004 年	2005 年	2006 年	2007 年	2008 年
出口量（t）	7 626.6	7 018.2	37 500	66 387	72 626	67 067	76 360
出口金额（万美元）	167	600	1 041	1 963.6	2 617.7	2 354.9	3 670.2

从图 4-6 和图 4-7 中可以看出，福建省 2014 年胡萝卜种植主要分布在闽南金三角地区（厦泉漳），其中泉州地区的种植面积最大，总面积达 66 163亩，其次是厦门，总

面积37 166亩；在南平和三明地区的种植面积也不少，分别为24 672亩和22 815亩。

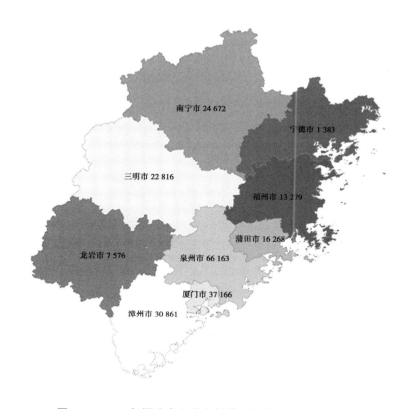

图4-6　2014年福建省九地市胡萝卜种植面积（单位：亩）

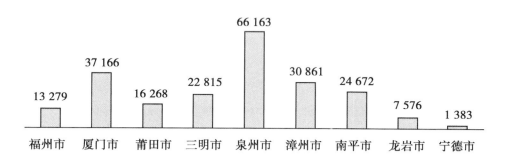

图4-7　2014年福建省九地市胡萝卜种植面积柱状图（单位：亩）

从图4-8和图4-9可以看出，因为各区域的土壤、气候、种植技术、种植品种等方面的不同，福建省九地市的胡萝卜单产也有不小的差别，其中厦门地区种植的胡萝卜单产最高，单产为3 371kg/亩；其次是漳州地区，单产为2 240kg/亩；福州地区为2 044kg/亩；最低的是南平地区和宁德地区，分布只有1 224kg/亩和976kg/亩。

从图4-10和图4-11可以看出，由于种植面积有很大差异，再加上种植的品种、

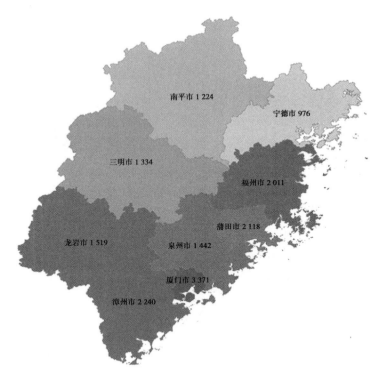

图 4-8　2014 年福建省九地市胡萝卜单产（单位：kg/亩）

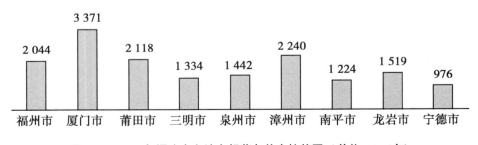

图 4-9　2014 年福建省九地市胡萝卜单产柱状图（单位：kg/亩）

土地质量、管理技术等方面因素，福建省九地市 2014 年胡萝卜的产量差别较大。其中产量最高的厦门市辖区 2014 年胡萝卜总产量高达 125 287t，其次是种植面积最大的泉州地区，总产量 95 438t，将近 10 万吨，最少的是宁德地区，总产量为 1 350t。

依据总产量的角度从图 4-12 看，在福建省各县市的胡萝卜产业种植发展中，产量较高的区域主要集中在南部沿海地区，特别是闽南金三角地带。

表 4-6 中表示的是 2014 年福建省胡萝卜产量超过 10 000t 的县（市、区），其中产量最高的县（市、区）是厦门地区的翔安区，其次是泉州地区的晋江市，还有漳州地区的漳浦县、东山县，莆田地区的秀屿区，泉州地区的惠安县、南安市和南平地区的浦城县。

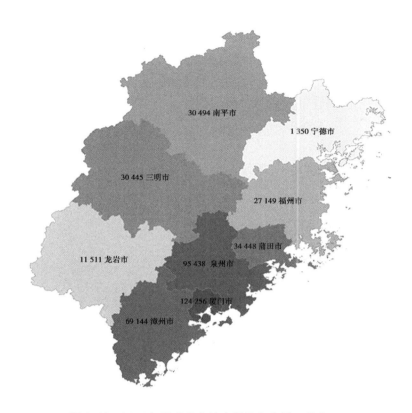

图 4-10　2014 年福建省九地市胡萝卜产量（单位：t）

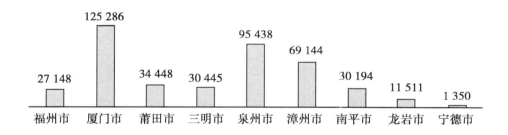

图 4-11　2014 年福建省九地市胡萝卜产量柱状图（单位：t）

从图 4-12 和表 4-6、表 4-7 看出，按照种植产量进行五等级分类，福建省的 85 个县市区中，大部分的县（市、区）胡萝卜总产量在 1~1 000t 和 1 001~5 000t 两类之间，1~1 000t 的县（市、区）有 25 个，1 001~5 000t 县（市、区）有 32 个；而在 5 001~10 000t 的仅有 8 个县（市、区），超过 10 000t 的县（市、区）也只有 8 个，在 85 个县（市、区）中有 12 个县（市、区）产量为 0，也就是没有种植胡萝卜，或很少以至于统计忽略不计。

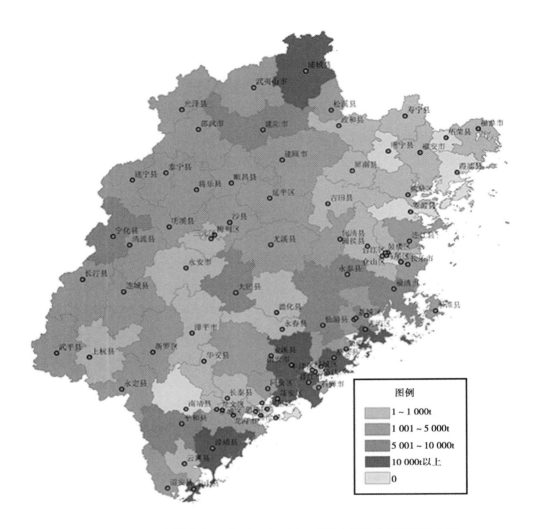

图 4-12　2014 年福建省 85 各县（市、区）胡萝卜种植产量等级分布图

表 4-6　2014 年福建省县（市区）种植产量超过 10 000t 的县（市、区） （单位：t）

县	翔安区	晋江市	漳浦县	东山县	秀屿区	惠安县	南安市	浦城县
产量	122 028	59 345	40 662	15 137	14 065	11 865	11 236	10 778

表 4-7　2014 年福建省县（市区）胡萝卜种植产量按五等级分类数量表

等级	0	1~1 000t	1 001~5 000t	5 001~10 000t	10 000t 以上
数量	12 个	25 个	32 个	8 个	8 个

　　从图 4-13 中以福建省各县（市、区）胡萝卜种植面积的角度观察，胡萝卜种植面

积超过 10 000 亩的县（市、区）主要在泉州、厦门和漳州三个地区，种植面积在 5 001~10 000 的县（市、区）也主要集中在泉州、莆田、南平和三明的小部分县（市、区）。

从表 4-8 看，2014 年福建省胡萝卜种植面积超过 1 万亩的县（市、区）只有 4 个，分布是泉州地区的晋江市和南安市、厦门地区的翔安区、漳州地区的漳浦县。

表 4-8　2014 年福建省县（市区）种植面积超过 10 000 亩的县（市区）　（单位：亩）

县	晋江市	翔安区	漳浦县	南安市
播种面积	39 643	35 758	18 532	10 051

从图 4-13 和表 4-9 看，福建省的 85 个县市区中，按照种植面积进行五等级分类发现，大部分的县（市、区）胡萝卜总产量在 1~1 000 亩和 1 001~5 000 亩两类之间，1~1 000 亩的县（市、区）有 31 个，1 001~5 000 亩县（市、区）有 32 个；而在 5 001~10 000 亩的仅有 6 个县（市、区），超过 10 000 亩的县（市、区）也只有 4 个，在 85 个县（市、区）中有 12 个县（市、区）种植面积为 0，也就是没有种植胡萝卜，或很少以至于统计忽略不计。

表 4-9　2014 年福建省县（市区）胡萝卜种植面积按五等级分类数量表

等级	0	1~1 000 亩	1 001~5 000 亩	5 001~10 000 亩	10 000 亩以上
数量	12 个	31 个	32 个	6 个	4 个

表 4-10　2014 年福建省县（市区）种植单产超过 2 000kg/亩的县（市区）　（单位：kg/亩）

县	秀屿区	翔安区	福清市	龙文区	涵江区	荔城区	东山县	城厢区
亩产	6 475	3 413	3 337	3 250	2 896	2 853	2 762	2 669
县	龙海市	翔安区	诏安县	泉港区	闽清县	漳浦县	马尾区	
亩产	2 648	2 557	2 460	2 416	2 196	2 194	2 111	

从图 4-14 和表 4-10 可以看出，福建省各县（市、区）胡萝卜种植单产超过 30 000kg/hm² 的县（市、区）主要在泉州、厦门、福州、莆田和漳州等地区，大部分地区种植单产在 15 000~30 000kg/hm²。

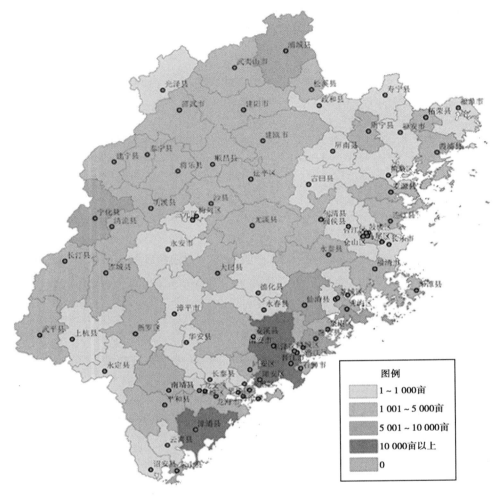

图4-13　2014年福建省85各县（市、区）胡萝卜种植面积等级分布图

表4-11　2014年福建省县（市区）胡萝卜种植面积按五等级分类数量表

等级	0~15 000kg/hm²	15 001~30 000kg/hm²	>30 000kg/hm²
数量	21个	49个	15个

从以上的表中可以看出，从2014年福建省的85个县市区中，按照胡萝卜收成单产进行三等级分类可以发现，大部分的县（市、区）胡萝卜单产在1 001~30 000kg/hm²，15 001~30 000kg/hm²的县（市、区）有49个，超过30 000kg/hm²的县（市、区）有15个，扣除12个几乎没有种植胡萝卜的县（市、区）外，还有9个县（市、区）的胡萝卜种植单产在15 000kg/hm²以下。

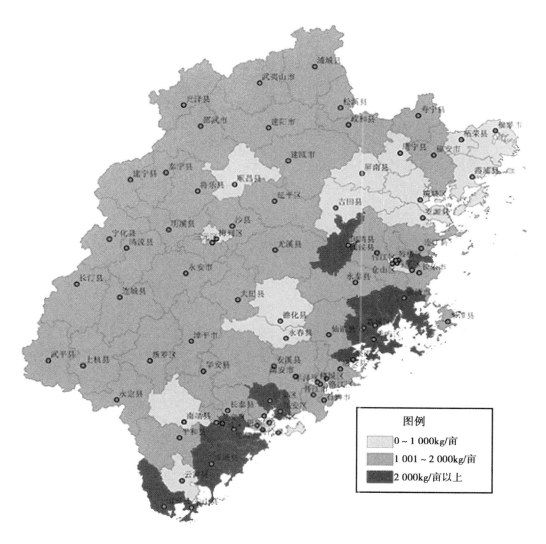

图 4-14　2014 年福建省 85 各县（市、区）胡萝卜种植单产等级分布图

图例

　0 ~ 1 000kg/亩
　1 001 ~ 2 000kg/亩
　2 000kg/亩以上

第二节　胡萝卜产业加工利用状况

胡萝卜的最主要营养成分是类胡萝卜素，其中 β-胡萝卜素占胡萝卜素的 80%，比白萝卜及其他各种蔬菜高出 30~40 倍，居常见水果蔬菜之首，是一种重要的天然功能成分，也是一种重要而安全的维生素 A 源。联合国粮农组织（FAO）和世界卫生组织（WHO）食品添加剂联合专家委员会认定天然 β-胡萝卜素是 A 类优秀营养色素，并在世界 52 个国家和地区获准应用。为此，胡萝卜生产加工具有很高的价值和效益，特别

是 β-胡萝卜素的提取和即食食品的市场开发。根据胡萝卜加工分类方法，可以有多种方案，主要产品的用处和类型。按产品的用处不同，可以将加工品分为直接加工开发产品、药用开发产品和食品、饲料添加剂开发产品等；按产品的加工类型不同，可以分成饮料类、糖果类、果脯类、果酱类、罐头类、蔬菜类和其他。

一、按产品的用处分

1. 胡萝卜直接加工开发产品

由于大部分生产加工厂家生产的规模和研发水平不足，对于精加工产品的开发生产比较困难，将胡萝卜直接加工成保健饮料和浓缩食品成为大部分生产企业的主要产品。如胡萝卜提取液（包括各种口味的胡萝卜浓缩汁、胡萝卜饮料），此类产品属直接加工产品，成本低，工艺要求不高，其开发产品既可作为保健饮料和佐料食品，又可作为进一步深加工产品的原料——医学用药原料。据报道，中国科学院石家庄农业现代化所生产的胡萝卜浓缩汁浓度为 40%～42%，其中类胡萝卜素含量高达 50%～55%，是国外同类产品中胡萝卜素含量的 2 倍，但是直接加工胡萝卜产品，目前仍有很大的局限性。一是口味上，胡萝卜自身具备水果甜酸味，不具备果香味，还存在有一定的异味，口味上远远比不上各种果汁，无疑影响了市场占有率。二是胡萝卜提取工业中，工业原料加工工艺和设备都未跟上国外水平，目前国内胡萝卜榨汁工艺还延用水果榨汁工艺及其设备，而设备工艺仅适用于薄细胞水果的果肉，胡萝卜属根类蔬菜，细胞间质发达，细胞壁坚实，破壁技术较难。三是目前提取液多以提取水溶性成分为目标的浓缩汁产品，而胡萝卜素属脂溶性成分而非水溶性，采用的水果加工工艺和设备加工，使胡萝卜素的提取率较低，人们食用或饮用后。胡萝卜素在人体内的吸收率也较低。

2. 胡萝卜药用开发产品

目前，市场上销售有 β-胡萝卜素片剂、软胶囊等药用保健产品，它们以胡萝卜浓缩汁为原料，提取 β-胡萝卜素为化学合成的。研究表明：化学制剂与富含该种物质的天然食物有本质不同，天然食物具有某些功效，而化学制剂有一定毒副作用。因此，开发纯天然胡萝卜保健产品是具有深远意义。

3. 食品、饲料添加剂开发产品

胡萝卜营养丰富，经常作为营养强化剂添加到食品和饮料中，尤其是胡萝卜中富含丰富的 β-胡萝卜素，在果汁中与维生素 C 互配，可提高果汁的稳定性。同时 β-胡萝卜素也可作为天然色素添加到食品中。在饮料工业中，如在鸡饲料中添加 β-胡萝卜可提高产蛋率，并使蛋壳的颜色加深，但是，目前我国 β-胡萝卜主要依赖于进口，从胡

萝卜中提取天然的 β-胡萝卜成本较高。所以目前 β-胡萝卜作为食品饲料添加剂使用，虽然有一定的营养、保健作用，但存在一定的问题。

　　胡萝卜对人体具有多方面的保健功能，因此被誉为"小人参"。对于晋江胡萝卜产业在以出口鲜销产品为主的基础上，应大力发展胡萝卜初加工和精深加工，拓宽胡萝卜产品种类，延伸产业链，提高胡萝卜产品附加值，同时通过加工技术充分占产量10%的副产物，提高胡萝卜整体效益，增加农民效益。

二、按产品的加工类型

（一）饮料类

1. 番茄、胡萝卜乳酸菌发酵饮料

　　曾献春等人以优质番茄酱和胡萝卜浓缩汁为原料，用保加利亚乳杆菌和嗜热链球菌为菌种，采用四因素三水平正交实验，确定了中间种子扩大液、发酵液及发酵饮料口感稳定性的最佳工艺配方：用保加利亚乳杆菌和嗜热链球菌按 1 : 1 比例作为菌种；种子扩大液的最佳配方：番茄、胡萝卜混合汁配比 3 : 7，2%葡萄糖，2%脱脂乳，3%接种量；发酵液最佳配方：番茄、胡萝卜混合汁配比 3 : 7，发酵温度 41℃，发酵时间24h，接种量3%；发酵饮料调配最佳配方：发酵原液中添加蔗糖5%，柠檬酸0.02%，耐酸羧甲基纤维素钠（CMC-Na）0.2%，黄原胶0.03%。研制出了番茄、胡萝卜混合汁乳酸菌发酵饮料。侯旭杰等以胡萝卜、枸杞、甘草为主要原料，提取其汁液，采用正交试验，探索出最佳饮料配方和最佳工艺条件，开发出色、香、味俱佳的复合型多功能保健饮料。

2. 大蒜、胡萝卜复合饮料

　　徐鹤生等人采用海带煮汁并结合蜂蜜调味，有效地除去了蒜臭味。蒜汁在低温（8~10℃）浸取蒜浆72h，并经少量蜂蜜调适后，风味明显改善。脱臭蒜汁经与胡萝卜汁复合，制得营养丰富，风味独特的大蒜胡萝卜汁复合饮料。

3. 复合红枣-胡萝卜清型饮料

　　王卫东等人采用浸提法分别提取红枣、胡萝卜清汁，进行混合调配，制得澄清的红枣、胡萝卜汁饮料，红枣、胡萝卜所含的营养物质均十分丰富，历来都受到人们的重视。目前，以这两种为原料的饮料很多，但多是含果肉的果茶型饮料，粘稠不太爽口。本实验则是分别浸取两种清汁，进行混合调配，制得清爽适口的红枣、胡萝卜饮料。

4. 以胡萝卜为主原料的复合果蔬汁

　　陈志等人以胡萝卜为主原料，用山楂、枸杞子、蜂蜜为辅助原料，生产复合果蔬

汁是保健食品中的佳品。胡萝卜含有丰富的糖、胡萝卜素、维生素C、蛋白质、脂肪及矿物质等。山楂、枸杞子、蜂蜜药用价值很高。利用这四种原料，生产出的饮料味道鲜美、甜酸爽口、色泽艳丽，可用于贫血、夜盲症、高血压、便秘等疾病的辅助治疗。长期饮用具有生津解渴、滋肾润肺、补肝明目、降低血脂、延缓衰老的作用。

（二）糖果类

传统果蔬制品含糖量高、甜度大、热量高，经常食用容易引起各种疾病，如冠心病、糖尿病、肥胖症、龋齿、高血脂症等，特别是由于儿童对零食特殊的嗜好，儿童肥胖和龋齿较为严重。随着人民生活水平的提高，消费者从低糖化、风味化、营养化等方面对果蔬制品提出了更高的要求。汪芳安等采用蛋白糖，功能性多元糖醇为甜味剂，以胡萝卜为主原料，研制无蔗糖。

（三）果脯类

1. 营养保健型胡萝卜果脯

果脯作为我国的传统特产，早已闻名国内外。但我国传统果脯大多属于高糖制品，含糖量达60%左右，口味单调，原果风味淡薄，不符合现代生活人们的饮食营养消费需要。改革加工工艺、降低果脯甜度、发展低糖、多营养、多风味果脯，是果脯蜜饯行业的必由之路。胡萝卜经固化处理后，辅以适量的蜂蜜、奶粉，制作成别具风味的低糖胡萝卜脯，是老人、儿童、糖尿病患者的保健小食品，也是居家旅行、馈赠亲友的高档礼品。冯中波等以新鲜胡萝卜为原料，探讨了具有保健功能的胡萝卜果脯的生产工艺。确定了最佳工艺条件，制备出适合糖尿病患者食用的、具有营养保健功能的新型果脯。

2. 低糖果味胡萝卜脯

翟颖丝等人以新鲜胡萝卜为原料，制作低糖果味胡萝卜果脯。在传统生产工艺中增加了缓冻预处理工序，果脯加工工艺的优化结果为：在-18℃下冻结6h，不仅能较好地促进渗糖，而且口感较佳；渗糖液添加组分为：25%的蔗糖，25%的淀粉糖浆，0.4%的柠檬酸，1.2%的鲜橘皮和0.4%的明胶；采用60~65℃恒温鼓风干6~7h，以1.0%的海藻酸钠胶体浸泡1min后继续干燥1~2h，制得的成品色、香、味、形俱佳。

（四）果酱类

1. 草莓、胡萝卜复合低糖果酱

张琪以低甲氧基果胶（LMP）凝胶特性为基础，选择草莓和胡萝卜为原料在营养、色泽、质感上相互搭配，用正交试验设计筛选出草莓胡萝卜复合低糖果酱的最佳工艺及配方，色泽自然，风味宜人。含糖25%~45%低糖酱的优点是突出了原果风味和清爽的口感，成为营养丰富、老少皆宜的佐餐佳品和方便食品，而以不同原料研制的复合低糖果酱，不仅改善了风味和色泽，也丰富了品种花色，但由于低糖果酱难以形成像高糖果酱那样稳定的凝胶状态，酱体易析出水分，严重影响了商品外观，故解决这一问题的关键在于选择适宜的增稠剂和确定凝胶条件。草莓中可溶性固形物达 $4\sim10g/100g$，维生素 $64mg/100g$，香气独特，但色泽不稳定。而胡萝卜中 β-胡萝卜素含量为 $8\sim11mg/100g$，含糖量 $6\%\sim7\%$，维生素 $12mg/100g$，具有特殊香气。本研究将二者按一定比例复配，研制出的低糖果酱产品具有良好口感和色泽，含糖量在 $25\%\sim30\%$。

2. 全天然胡萝卜酱

全天然胡萝卜酱中，不使用任何酸味剂、香精、色素、增稠剂和防腐剂，而是用山楂取而代之。适量山楂的添加，可提高产品的营养价值。山楂含有大量有机酸，色泽鲜艳，风味独待，兼有酸味剂、香精、色素为多重作用。另外，山楂果胶含量很高且凝结能力强（胡萝卜也有较高的果胶含量 1.2%，但凝结能力差，这是由果胶性质决定的），因此，山楂还兼具增稠剂的作用。

（五）罐头类

1. 胡萝卜牛肉酱罐头

随着生活水平的提高和生活节奏的加快，营养丰富、全面、方便的肉菜罐头成为解决人们营养，特别是儿童早餐营养的一种重要食品。肉菜罐头是近年来迅速发展起来的新型食品。国外已有多种，尤其是儿童食品中，肉菜罐头是主要品种之一，而国内尚未见这类罐头生产的报道。肉菜罐头使蛋白质食品和矿物质、维生素食品营养互补，使食品的营养价值更高。胡萝卜来源广，易贮藏，富含稳定性及色泽好的红橙色胡萝卜素。蒋爱民等研究了胡萝卜牛肉酱罐头的生产工艺。研究表明，牛肉、淀粉、胡萝卜、面酱、植物油及水的添加量是影响酱体质地的主要因素，并根据质量评分确定了相应的工艺参数。

2. 茄汁、大豆、胡萝卜罐头

随着现代科学技术的不断发展，人民生活水平的不断提高，适应人们不同口味和习惯的各种食品相继投放市场。但从营养学的角度看，有些食品的营养价值是很低的或是不全的，难以满足人们的营养需要。

科学分析表明，番茄是一种富含多种营养素的蔬菜；胡萝卜的营养价值由于 β-胡萝卜素的绝对高含量而引人瞩目；而大豆的营养价值被世人所公认。特别是大豆的蛋白质不但含量高，而且是一种完全、高生物价蛋白质。胡文忠等将以上三种在营养上各具特点的原料加以必要的处理，综合加工成美味的茄汁大豆胡萝卜罐头。该产品不但具有色泽鲜艳、风味纯正的特点，而且是一种高营养平衡食品，对儿童和老年人具有特殊的营养作用。

（六）蔬菜制品类

纸型食品在国内外已经崭露头角，并且已渐渐被人们认可。以蔬菜为原料，粉碎后加入必需的添加剂制成泥状，成型后烘干切割，即成各种规格的纸型蔬菜。

该蔬菜可干吃，能配菜，能充饥，营养好，又耐储藏，便于携带和运输。胡萝卜原料充足，富含胡萝卜素，营养价值高，被誉为"小人参"，是一种营养保健食品。将胡萝卜加工成此类食品既是一种良好的储藏保鲜方法，又为胡萝卜的深加工提供了一条好的途径。李桂琴等以胡萝卜为原料，从增稠剂的选择、用量及成型等方面进行了研究，为纸型蔬菜的加工提供了依据。

第三节　胡萝卜产业市场贸易现状

一、世界胡萝卜进出口概况

近年来世界各国的胡萝卜贸易量逐年增加，据 FAO 统计，1990 年全世界胡萝卜进出口贸易额为 4.87 亿美元，2001 年为 8.71 亿美元，增加了 78%，同期胡萝卜产量只增加了 53%。到 2013 年贸易额增加到 24.7 亿美元。主要出口国家为意大利、荷兰、中国、西班牙、墨西哥、以色列、瑞典、吉尔吉斯、土耳其等（表 4-12）。主要进口国家为加拿大、美国、阿拉伯、马来西亚、日本、哈萨克斯坦、韩国、比利时、德国、俄罗斯（表 4-13）。

表 4-12　2013 年胡萝卜主要出口国家　　　　　　　　（单位：t）

国家	出口	进口	纯出口	位次
中国	590 999	0	590 999	1
荷兰	366 534	56 503	310 031	2
以色列	153 978	52	153 926	3
西班牙	98 270	18 254	80 016	4
墨西哥	84 801	8 786	76 015	5
瑞典	73 728	5	73 723	6
意大利	71 262	14 221	57 041	7
吉尔吉斯斯坦	55 791	2	55 789	8

（续表）

国家	出口	进口	纯出口	位次
土耳其	52 578	21	52 557	9
乌兹别克斯坦	31 760	0	31 760	10

资料来源：FAO。

表4-13　2001年胡萝卜主要进口国家　　　　　　　（单位：t）

国家	出口	进口	纯出口	位次
加拿大	78 211	119 022	40 811	10
美国	120 381	161 333	40 952	9
阿拉伯	176	67 070	66 894	8
马来西亚	5 848	77 917	72 069	7
日本	341	82 882	82 541	6
哈萨克斯坦	1 286	90 195	88 909	5
韩国	100	103 418	103 318	4
比利时	150 947	270 661	119 714	3
德国	35 902	241 798	205 896	2
俄罗斯	77	257 709	257 632	1

资料来源：FAO。

二、我国胡萝卜市场状况

1. 进出口变化

据FAO统计，2001年我国胡萝卜出口8.75万吨，创汇1 728.5万美元，国际市场占有率7.4%。到2013年，出口59.15万吨，创汇2.87亿美元，国际市场占有率24.95%。1992—1997年出口量在1.5万~3.7万吨徘徊，从1998年起逐年增加，2001年与1997年相比，增幅达425%，同期国际贸易量的增幅只有25%。但在出口量增加的同时，价格却在逐年下降，2001年平均出口价不到0.2美元/kg，国际市场的平均价为0.35美元/kg。2012年平均出口价0.46美元/kg，2013年平均出口价0.49美元/kg，详见表4-14和图4-15。

表4-14　2004—2013年中国胡萝卜出口变化状况

项目	2004 年	2005 年	2006 年	2007 年	2008 年
出口量（t）	286 696	391 014	438 157	426 261	430 390
出口值（1000 $）	69 740	104 147	136 747	126 627	155 658
平均单价（美元/kg）	0.24	0.27	0.31	0.3	0.36
项目	2009 年	2010 年	2011 年	2012 年	2013 年
出口量（t）	437 768	499 188	588 457	595 869	591 522
出口值（1000 $）	169 835	199 114	263 549	274 088	287 623
平均单价（美元/kg）	0.39	0.4	0.45	0.46	0.49

资料来源：FAO。

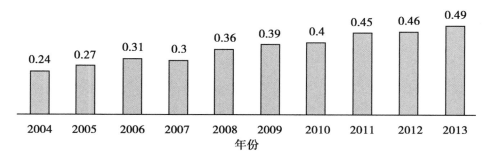

图4-15　中国胡萝卜出口平均单价变化状况

资料来源：FAO。

2. 市场价格走势

胡萝卜在我国蔬菜中属低价位品种，但随着人民生活水平的不断提高，胡萝卜作为健康蔬菜逐渐被消费者所认识，在我国栽培面积快速发展，同时也引发了近几年来产地收购价格波动过大（2001 年 1.2 元/kg，2002 年 0.4 元/kg，2003 年 0.8 元/kg），特别是 2002 年部分产地胡萝卜价格每 500g 仅几分钱，造成大量积压，农民损失惨重。随着经济逐渐好转，胡萝卜的价格逐渐回升，具体情况详见表4-15 和图4-16。

表4-15　2006—2015年中国胡萝卜生产价格变化状况

项目	2006 年	2007 年	2008 年	2009 年	2010 年
生产单价（元/t）	2 660	2 800	2 900	2 860	1 630
项目	2011 年	2012 年	2013 年	2014 年	2015 年
生产单价（元/t）	1 790	1 930	2 400	1 721	1 782

资料来源：FAO。

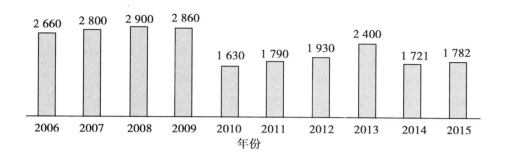

图4-16　2006—2015年中国胡萝卜生产价格变化状况柱状图

第四节　胡萝卜产业存在问题及趋势分析

一、胡萝卜种植过程中存在的问题

1. 种植模式比较单一，种植标准有待提高

因胡萝卜种植土壤多为沙质土地，潜水较浅，灌溉条件便利，所以胡萝卜种植多采用起垄栽培技术，起垄时使用专门的起垄机械，起垄与播种一次完成。这种种植方式的最大优点是方便管理、方便收获、次品少、商品率高，生产出的胡萝卜个头大小差不多，优质率可以达到80%以上。因此，胡萝卜多按照亩数或米数来卖。目前，大部分地方都是采取一家一户的种植模式，在种植、施肥、喷药等方面都是凭借自己的经验进行，缺乏统一的指导和实施标准。

一是种植模式。大部分农民采用的是一垄两行的种植模式，而基地多采用更为高产的四垄种植模式。单垄种植模式，垄距约50cm，株距5~7cm，亩株数21 000~25 000棵；四垄种植模式，亩株数44 000多棵，与传统的单垄种植模式相比，产量翻倍。

二是播种机械。一般农户仍然使用普通的播种机械，虽然播种方便，但在幼苗长出1~2片真叶时需间苗，幼苗长出4~5片真叶时需定苗，不仅耗费大量的劳动力，更浪费大量的种子。而树美果蔬专业合作社播种则采用该合作社自行研发的种子带编织机和种子带播种机进行精细化播种，该编织机根据胡萝卜的科学种植株距进行了设定，行距更为合理，虽然行距比传统种植模式下要密，但因行距株距合理，使得苗情更旺，种苗成活率可以达到95%以上。不仅省去了间苗、定苗的环节，更可节省50%的种子。

三是浇水、施肥。大部分农户在单垄种植模式下，浇水时逐垄浇，铺上塑料薄膜当水渠，浇好一垄后，将塑料薄膜折起，再浇第二垄；施肥是预先将肥料撒到地里，在浇水时同时进行，用量则完全凭借经验，每亩地约用碳铵100kg。这种浇水施肥方式，不仅耗费时间、人力，而且施肥量很不精确。基地则采用节水滴灌新技术，在地里铺设好滴灌带，肥料可与水同时滴入植株根部，既有效控制了水量，又大大减少了化肥的施用量，省水省工的同时实现了增产增收。

2. 生产操作过程主要以人工为主，机械化水平低

虽然整地、播种等环节都有机械的使用，但生产中的机械化水平还很低，浇水、施肥、喷药等环节都耗费大量的人力、时间和成本，特别是胡萝卜收获方面，主要是靠人工完成。每年到了收获季节，种植户和收购商都会雇人拔萝卜。而人工一天收获一亩胡萝卜大约需要10个人，一个人一天的人工费是70~80元，赶上农忙时节不好雇人，人工费甚至能到200~300元，如果收获不及时，还很容易烂在地里。而使用胡萝卜收获机，收获效率则大大提高。收获机集收获、割缨、装箱多项功能于一体，把胡萝卜从地里铲出来后输送到输送带，在输送过程中自动将胡萝卜排放整齐，并自动割除胡萝卜缨子，最后输送到物料仓或装袋。用该机械收获一亩胡萝卜大约需要20min，费用不到50元。人工拔胡萝卜劳动强度大，效率低，而且费用高，种植户和收购商的利润空间也会相应被压缩。与人工收获相比，所需收获费用大大降低，收获效率也大幅度提高。因此，机械化水平低，严重制约着生产效率的提高，影响了胡萝卜产业化的发展。在胡萝卜示范基地内，除草剂喷洒多用机、施肥滴灌机、悬臂式机动喷雾器、高地隙拖拉机等现代化机械应用的越来越多。生产中各个环节机械设备的使用，将大幅度提高作业效率，满足农业生产的需求。

3. 胡萝卜组织体系运行不够规范，农民参与度低，未发挥其应有作用

对于全国各地的胡萝卜专业组织，主要包括合作社、家庭农场和种植大户，这些组织发展情况参差不齐，存在着很多问题。

一是组织结构松散。对于组织中市场管理办公室、营销部、农资代销部、科技联络部等日常业务机构，结构相对清晰，组织相对规范，但这部分组合比例不高。普遍存在组织结构松散、运作思路不清晰、运作欠规范等问题。同时，因为合作社具有一定的公益服务性质，很多合作社不能很好地解决其与企业化运作利益之间的矛盾，往往只顾自己合作社的小团体利益，而不能切实维护会员的基本利益。更有个别合作社只是将合作社作为向农民推销农资产品的工具。

二是专业性差。合作社的负责人多从会员中推选产生，而这些被推选出来的负责人当中80%以上为农民、村支部书记、企业退休人员等。这些合作社的运营管理往往在摸索中进行，缺乏专业性和科学性。同时，由于合作社与大中专院校、科研部门等的联系渠道并不畅通，因此在技术更新、技术指导方面往往显得力不从心，依靠企业向农民推广产品和技术，其实用性和可靠性往往很难保证。

三是农民参与程度低，且合作社运营缺乏公开的、有效的监督，农民入社积极性不高。大多数加入合作社的农民的主要义务是根据合作社的要求进行胡萝卜的种植生产，对于合作社的运营管理根本不参与、也不关心。有的合作社收入等往往处于不透明不公开的状态，在加上缺乏必要的监督监管，容易引起社员的不满。更有的合作社名义上给农民上课培训生产技术，实际上却变为企业变相向农民推销农资等，引起农民的反感。

4. 缺乏及时有效的信息指导，信息不够通畅，导致生产出现波动

虽然目前胡萝卜产业总体发展情况良好，胡萝卜种植面积、产量和产值总体上呈增加趋势。但农民因为没有快捷、准确的信息指导，缺乏科学的市场分析和预测能力，往往是看今年价格高了就扩大种植面积，明年价格低了就减少种植面，生产盲目性很大。在较高生产利益的驱使下一些种植户迅速扩大了种植面积，盲目扩大种植规模导致产品总量远远超过了市场需求，这样往往导致价格急剧下跌，产品严重滞销，为了不影响下一阶段的生产，一些种植户甚至直接用旋耕机将胡萝卜打在了地里。收不回成本，极大的挫伤了农民的生产积极性，第二年种植面积锐减。1980—2014 年世界和中国的胡萝卜种植面积详见表4-16、表4-17 和图4-17。

表4-16　1980—2014 年世界胡萝卜种植面积

年份	面积（hm²）	年份	面积（hm²）	年份	面积（hm²）	年份	面积（hm²）
1980	527 020	1989	636 492	1998	878 110	2007	1 138 163
1981	549 777	1990	623 886	1999	925 191	2008	1 137 096
1982	546 890	1991	662 620	2000	981 850	2009	1 129 885
1983	542 872	1992	634 852	2001	996 815	2010	1 142 577
1984	573 196	1993	670 614	2002	1 025 138	2011	1 197 298
1985	566 997	1994	716 297	2003	1 105 165	2012	1 185 940
1986	585 801	1995	748 502	2004	1 137 665	2013	1 260 746
1987	600 732	1996	784 785	2005	1 151 225	2014	1 368 358
1988	619 681	1997	835 020	2006	1 169 458		

资料来源：FAO。

表4-17　1980—2014年中国胡萝卜种植面积

年份	面积（hm²）	年份	面积（hm²）	年份	面积（hm²）	年份	面积（hm²）
1980	69 473	1989	85 162	1998	253 450	2007	442 162
1981	72 292	1990	92 123	1999	273 843	2008	433 406
1982	74 347	1991	99 242	2000	321 345	2009	435 956
1983	75 348	1992	97 786	2001	342 914	2010	449 971
1984	76 306	1993	123 143	2002	373 070	2011	466 111
1985	74 841	1994	148 094	2003	402 521	2012	470 650
1986	76 347	1995	158 460	2004	422 436	2013	413 156
1987	79 512	1996	188 949	2005	432 571	2014	402 972
1988	80 911	1997	222 987	2006	437 398		

资料来源：FAO。

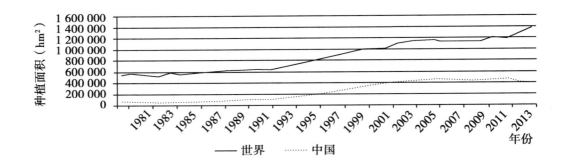

图4-17　1980—2014年世界和中国胡萝卜种植面积曲线图

资料来源：FAO。

5. 缺乏高效的质量监督机制

胡萝卜生产中，产量、品质和效益都与种子、化肥等生产要素的质量密切相关。市场中因为对这些产品缺乏有效的预先检测、检查，专业监督管理人员不足，导致假种子、假化肥坑农，减产事件时有发生。部分私人企业受经济利益的驱动，以次充好，扰乱市场，严重损害了胡萝卜种植户的利益，影响了胡萝卜产业的发展。2009年，寿光天龙天农资股份有限公司出售的"天龙天牌"有机肥消毒不彻底，原材料中含有大量未杀死的虫卵，使得种植户在使用后胡萝卜蛴螬虫害大规模发生，造成500多亩胡萝卜减产，损失较大，相关企业受到了当地工商和质监部门的严厉处罚。2012年，多家种植户的 3 000 多亩地播种了北京世农种苗有限公司生产的"世农 415"胡萝卜种子，结果果实短小，上粗下尖呈锥形，品相不好卖不出价格，损失近 2 000 万元。虽然这些企业最后都得到了相关部门或法律的处罚，然而事前的检测、检查才是减少农户损失、保障农户利益的根本。

6. 土地流转成效不大，集约化经营难以实现

裴香兰（2006）指出，在我国现行的市场经济条件下，农村采取的一家一户的小规模经营，无法充分利用土地资源，已经阻碍了农业生产水平的提高、农产品的市场竞争力的增强，农民收入的增多。而经过土地流转将一家一户零散的土地集中成片，优化配置土地资源，既有利于基础设施建设和农田水利工程的改造与修建，又有利于实现规模经营，实行集约化生产，提高农产品的数量和质量，实现规模经济效益。一家一户的种植模式，在自家的土地上开展生产种植，不仅生产面积小，而且投入能力差、技术落后、劳动生产率低，在生产组织与管理、质量控制、产品标准化、收获加工、物流运输等方面都有一定的局限性，严重阻碍规模化、集约化经营的实现。

二、胡萝卜加工过程中出现的问题

1. 深加工程度低

目前胡萝卜加工还主要处在简单冷冻和保鲜的初级加工水平，产品附加值低，农民增收不明显。在我国胡萝卜销售加工企业，当前主要从事胡萝卜初级加工生产的占大多数，产品主要是保鲜胡萝卜，即收获的胡萝卜经过清洗去泥、冰池降温、多次分级、装箱打冷等几道程序的的处理后直接销售。出口也主要是以保鲜胡萝卜为主，少数企业根据国外客户的订单生产冷冻胡萝卜丁等产品，几乎没有深加工产品。经过简单处理的胡萝卜运到国外后，国外公司再进行深加工后销售，深加工产生的效益完全转移到国外。

2. 深加工产品少

从全国范围看，胡萝卜深加工产品也相当少，并且同质化严重。目前的胡萝卜深加工产品主要有胡萝卜果蔬脆片和果蔬汁饮料两种，生产果蔬脆片的公司产品色泽、形状、口感都基本一致，没有形成自己的特色。虽然，伴随着人们生活水平的不断提高，胡萝卜即食食品新产品在近些年得到了很大的发展，但市场会处于摸索阶段。

3. 深加工技术、设备落后

有些加工企业只是进行简单的分级、清洗、消毒、包装，根本无技术可言；有些企业的设备则只能加工冷冻胡萝卜等中低档产品。虽然一些企业的经营者也意识到了"深加工才是出路"这一道理，但往往因引进技术、设备需要大量的资金及劳动力成本

高等原因而放弃。而目前能过生产深加工胡萝卜产品的企业主要是一些综合的食品加工企业。

4. 有机胡萝卜基地少

胡萝卜基地部分获得了由科技部、农业部颁发的"绿色食品基地"证书,各省农业厅颁发的"无公害蔬菜生产基地"证书。但至今,全国通过有机蔬菜认证的基地不多。有机胡萝卜基地的缺乏,严重阻碍胡萝卜产业向高端发展。

三、胡萝卜营销过程中出现的问题

1. 在实际销售中对品牌重视不够,品牌价值未得到充分发挥

在营销过程中,胡萝卜产业的品牌优势不明显,有些企业虽然注册了自己的商标,但在实际销售时并未使用,对品牌的重视程度不够。特别是在国际市场中,出口保鲜胡萝卜的公司只是为国外公司提供原材料,产品只要合乎客户公司的标准和要求就可以出口,有无品牌根本无所谓。出口剩余的次品在国内市场销售时品牌也处在一个可有可无的位置,品牌应有的价值并未得到充分发挥,产品品牌并不响亮。即使化龙镇这样的"中国胡萝卜第一镇"的地域品牌优势也不明显,并没有在胡萝卜的营销过程中体现出来,缺乏市场竞争力,阻碍胡萝卜产品占领国内外市场的进程,因此靠品牌开拓市场还有待于进一步加强。

2. 市场开拓广度、深度不够

一是国际市场。蔬菜出口备案企业中,每年有出口实绩不多,如化龙镇蔬菜出口备案企业有十几家,每年有出口实绩的在十家左右,在整个寿光市蔬菜备案企业中占比达到40%以上,说明化龙镇的蔬菜,主要是胡萝卜的出口非常活跃。但这些出口企业每年的出口量并不多,且企业间出口量很不均衡,如2010年龙源食品出口量为750t,而圣通进出口公司只有51t。有些出口企业在有些年份没有出口实绩,或年份间出口量浮动较大。如龙源食品2010年出口750t,2008年出口仅为118t。而且出口国家或地区较为单一。化龙镇胡萝卜的主要出口国家或地区为韩国、东南亚等国家,主要是多年维持的老客户,因为价格等因素的影响,经常会出现出口不稳定的情况。

二是国内市场。胡萝卜深加工产品有自己的销售渠道,但是知名度不够。如寿光的胡萝卜特别是深加工产品,像赛维绿色科技公司生产的绿维动力果蔬汁饮料,虽然已经基本形成了自己的销售网络,但想取得像汇源果汁、农夫果园等果汁行业大品牌的知名度及销售量,还需要多渠道开拓市场。

3. 各种植主体之间信息交流少,不利于提高胡萝卜的整体竞争力

因为存在利益之争,在种植、销售等过程中往往出现各自为战,互不沟通的状况,

缺少相互调节机制，导致农户信息不畅通，生产风险大大提高，这不仅有损胡萝卜种植户的利益，从长远来说，更不利于胡萝卜整体竞争力的提高。同时，当前还存在劳动力方面的问题。农业从业人员中 40~50 岁人员的占比超过 50% 以上，且呈现逐年上升趋势。而因为越来越多的年轻人选择到附近的工厂打工或到市区从事各种服务行业，18~44 岁的青壮年劳力的占比呈现逐年下降趋势，整个农业从业人口的年龄结构极不合理。40~50 岁的农民往往受教育程度低，对新鲜事物、先进技术的接受比较慢，受过较高教育的年轻人又不愿继续从事胡萝卜种植，这种胡萝卜产业从业人口素质不但没有上升反而出现下降的趋势，必将对该产业的科技进步和发展壮大产生不利的影响，进而影响到产业发展。

第五章　晋江市现代农业发展区域环境竞争力分析

第一节　胡萝卜区域布局

晋江市是我国东南沿海发达县，小型轻工业发达，县域经济良好；由于地处沿海，土壤含沙质成分较高。因此，对于具有种植成本高、沙质土壤特征要求的经济作物（胡萝卜）种植具有得天独厚的的优势。主要表现在：一是自然、气候条件极其适合胡萝卜生长，并且处于南方地区，产品在季节上刚好可以弥补我国北方胡萝卜种植主产区的空缺；二是高度发达的县域工业经济造成农村大量土地闲置，晋江市政府在土地规模集约化方面的努力具有显著成效，胡萝卜规模经营，规模效益具有巨大优势。2008—2014 年晋江市胡萝卜种植面积高速增长，规模化种植初见成效。

第二节　晋江市基础条件分析

一、区位与交通状况分析

晋江位于北纬 24°30′~24°54′，东经 118°24′~118°43′，地处福建四大河流之一晋江南岸，东与石狮市接壤，东面濒临台湾海峡，西与南安市交界，北与泉州鲤城区相邻，南与金门岛隔海相望。晋江全境地形比较平缓，主要以平原和丘陵为主。平原主要位于东北部靠近泉州湾和西南部围头湾一带。丘陵则大小分布在各个地方，海拔均比较低。海拔较高的山峰有北部紫帽山和中部灵源山。晋江最高点在紫帽山，海拔 517.8 米。

晋江已经具备海陆空一体的交通条件。航空方面，晋江国际机场为泉州市唯一机场，位于晋江市中心，居全国通航机场第 37 位，成为干线机场。铁路方面，福厦铁路起于福建省会城市福州，直抵旅游城市厦门，铁路等级为 I 级双线，设计行车速度为200 千米/小时。公路方面，晋江市高速公路与省内外一大部分城市相连相通，占据福建县级客货运输的主导地位。在福建省内城市中处于较高水平。水路方面，晋江市港口是泉州市港的重要组成部分，主要为晋江市区域性经济发展服务，是晋江市外向型的配套港口。

二、社会经济状况分析

全市辖有 13 个镇、6 个街道办事处，390 个行政村（社区），总人口 108 万人，2014 年实现地区生产总值 1 492.86 亿元，增长 9.5%；农业总产值完成 18.6 亿元，同比增长 2%；三个产业比例为 1.25：66.91：31.84。2016 年县域经济综合竞争力第 12 位，实际比 2013 年下降 7 位。虽然，县域综合竞争力有所下降，但是高度发达的工业经济与雄厚的财政为量，支撑着晋江市政府不断坚持以工促农，不断发展农业产业化。

2014 年全市实现农、林、牧、渔业总产值 36.89 亿元，比增 1.6%。其中：种植业产值 7.53 亿元，比增 9.0%；畜牧业产值 4.83 亿元，比减 17.7%；渔业产值 22.94 亿元，比增 3.7%；农、林、牧、渔服务业产值 1.53 亿元，比增 10.47%。农业生产完成计划任务，农业经济整体运行态势良好。2014 年农民人均纯收入 16 611 元，比增 9.2%。

三、产业化资源

2013 年，全市累计拥有加工企业带动型、专业市场带动型、流通企业带动型为代表的产业组织 269 个，其中晋江市本级农业产业化龙头企业 42 家、农业生产示范基地 38 家，泉州市级农业产业化龙头企业 31 家、省厅级重点农业产业化龙头企业 7 家、省级重点农业产业化龙头企业 17 家、国家级农业产业化重点龙头企业 3 家（福源、福马、乐天）。拥有产值超亿元以上企业 14 家（福源、亲亲、金冠、福马、喜多多、闽南、富鸿、阿一波、乐天、威威猫、蜡笔小新、好邻居、永样、力绿）。2013 年，全市 80 家市级龙头企业、示范基地实现产值 97.48 亿元，带动省内外农户 27.5 万户，带动农民增收 14.6 亿元。农业规模化、产业化、品牌化、标准化继续走在全省前列。高度的龙头企业集中优势、发达的品牌与食品产业加工资源，都为晋江市发展胡萝卜加工业提供了得天独厚的条件。

第三节　晋江市自然条件分析

一、气象条件

（一）温度

晋江市地处闽南东南沿海，东濒台湾海峡，属于亚热带海洋性季风气候，年平均气温20.8℃，最热月为7月，最冷月为1月。自2003年引种胡萝卜8年间平均气温都较历年同期偏高，气候有逐年趋暖态势，这使得播种时间应适时调整。7—9月中旬平均气温在28℃以上，最高气温37.2℃，出现在8月中旬。8月下旬气温开始回落，而此时极端最高气温35℃日数也明显减少，年均仅0.5天，气温处于夏秋转凉之际，早熟胡萝卜品种播种后发芽期正常，且肉质根膨大期正值凉爽秋季，昼夜温差大，有助于胡萝卜素的形成，并提高其质量。从30年较长历史平均值看，8月下旬—9月，气温虽>25℃，但对于早熟品种播种发芽所需时间影响不大。12月起晋江进入冬季，冷空气开始频繁入侵，平均气温下降明显，极端气温<8℃的日数较多，都在中下旬出现，上旬平均气温10.4℃，仍然适于晚熟品种播种。

在胡萝卜生育前期，当出现极端最高气温大于30℃的（地温一般会超过40℃）高温天气，并且连续3天以上时，将对胡萝卜生长不利，早、中晚熟种生育前期会遭遇高温。

统计表明，2003年至2010年8月下旬平均>30℃的日数有9.6天，连续3天>30℃的次数平均3.1次（3天为1次，满旬增加1次），几乎整旬极端最高气温均超过30℃，仅有2个年份连续高温次数2次。因此，早熟品种在8月下旬播种处于高温期，可增加喷水次数，采用少量多次来降温。9月上旬最高气温渐回落，平均>30℃的日数有7.8天，连续3天>30℃的次数平均1.8次。在晚熟种成熟采收期时，5月下旬出现高温的平均次数为0.5次，影响较小。

在胡萝卜生育后期，连续3天<10℃的低温天气在12月始出现，3月结束，此时段早中晚熟品种均会遭遇低温。1月平均次数最高，为2.88次，2月份次之，为2.25次，3月份仅1.0次，但年份差异大，如2006—2007年整个生育后期（12月—翌年3月）极端气温连续3天<10℃的次数只有3~4次，而2005年却高达12次。

（二）降水

晋江市年均降水量1 341.1mm，雨量充沛，但降水集中，时空分布不均，以6月降水最多，12月降水最少。雨季、台风季期间（4—9月）降水量集中，占全年总雨量的74%，秋冬季雨量急剧减少。旱情除春季外，其他时节均可发生，尤以夏季旱和夏秋连旱影响较重。

胡萝卜播种后至出齐苗期间要有较高的土壤湿度，一般为60%~80%；而叶盛期肉质根开始破肚，此时雨水不宜过多，防叶部生长过旺，影响肉质根膨大生长，肉质根长成手指粗时，系需水高峰，使其充分膨大。图中表明，2003年以来，8—10月降水量比历年偏多，11月后降水量与历年持平至偏少；12月降水量最少，仅29.1mm，与历年平均基本持平；3—5月降水渐增。

胡萝卜早熟品种在8月下旬—9月上旬播种，则生育前期（9—10月上旬）恰是雨水丰富时段，利于幼苗生长；中晚熟品种9月下旬后播种，降水逐渐减少，尤以晚熟品种生育前期（10月中旬—1月下旬），正是一年中冬季干燥时节，不利幼苗生长。而早熟品种和大部分中晚熟品种的肉质根膨大期处于10月中旬—2月下旬，降水量较少，不利于肉质根膨大，部分中晚熟种在3—4月下旬发根，此时春季雨水开始增多，有助肉质根适时膨大。

由于当今胡萝卜种植场地多采用喷水浇灌，在胡萝卜生长发育需水时节或旱情发生时，可采用早晚各喷1次，隔天操作1次进行及时补充。反之，在叶盛期时肉质根开始破肚忌水量过多时，则可以4—5天喷1次水，每次1小时为宜。总之，除特殊强降水外，胡萝种植可根据降雨时间和强度，灵活掌握浇灌，因此，其对降水条件要求不高。但要生产出优质高产的产品，必须加强肥水管理。

（三）光照

胡萝卜为长日照植物，要求中等光照强度。在弱光中叶柄长，特别是下部的叶易早衰。光照不足时，同化作用弱，碳水化合物积累少，干物质及胡萝卜素的含量低。生长期间晋江市日平均日照时数5.3小时，完全能满足胡萝卜的营养生长时期的光照要求。8—10月平均日照时数>6.7小时，2月最少，仅3.8小时。同样满足种子成熟前需要长日照，以及营养生长时期对光照的需求减弱的日照要求。

二、土壤条件[①]

晋江市属于沿海富饶地区，土地本来相对肥沃，但随着工业化进程的快速发展，以及长时期的农业开发对土地的保养没有及时到位，大量的农田和旱地遭到不同程度的破坏。对晋江市胡萝卜种植土壤养分进行检测分析，结果表明：土壤有机质、碱解氮和速效钾都较为缺乏，有机质平均含量为8.3g/kg，处于中低水平的土样占99.6%；碱解氮的平均含量47.0mg/kg，处于缺乏水平的土样占94.8%；速效钾的平均含量71.0mg/kg，处于缺乏水平的土样占73.0%；有效磷含量丰富，平均为36.6mg/kg，处于丰富水平的土样占66.8%；土壤偏碱性，71.0%的土样处于微碱性和碱性水平。

（一）pH值

大多数作物适宜在微酸性（pH值5.0~6.8）土壤中生长，土壤pH值6~8时养分有效态水平较高，胡萝卜适宜的土壤pH值范围为5~8。从表5-1可知，晋江市胡萝卜种植土壤的pH值为4.9~8.8，酸性（4.50~5.49）土样占2.8%，微酸性（5.50~

---

① 资料来源于2015年第11期《福建农业科技》《晋江市胡萝卜种植土壤养分状况分析》。

6.49）土样占 26.2%，微碱性（6.50~7.49）土样占 22.9%，碱性（7.50~9.00）的土样占 48.1%。其中赤砂土的微碱性和碱性土样占该土种的 72.8%；耕作风沙土的微碱性和碱性土样占该土种的 66.2%。说明晋江市胡萝卜种植土壤的 pH 值呈微碱性至碱性水平的比例较高，这和农户大量施用海沙有关（海沙含有硅酸钠，施入土壤呈碱性）。建议控制海沙施用量，增施有机肥，推广种植绿肥，在酸性土壤上合理施用石膏或硫磺。

表 5-1　晋江市胡萝卜种植土壤 pH 值状况

样品数（个）	变化幅度	酸性（pH 值 4.50~5.49）		微酸性（pH 值 5.50~6.49）	
		样品数（个）	比例（%）	样品数（个）	比例（%）
367	4.94~8.84	13	3.5	87	23.7
136	5.47~8.59	1	1.5	45	32.4
503	4.94~8.84	14	2.8	132	26.2

样品数（个）	变化幅度	微碱性（pH 值 6.50~7.49）		碱性（pH 值 7.50~9.00）	
		样品数（个）	比例（%）	样品数（个）	比例（%）
367	4.94~8.84	70	19.1	197	53.7
136	5.47~8.59	45	33.1	45	33.1
503	4.94~8.84	115	22.9	242	48.1

（二）有机质

晋江市胡萝卜种植土壤有机质含量为 3.0~25.7g/kg，平均含量为 8.3g/kg，变异系数为 37.40%，含量达丰富的土样占 0.4%，中等的土样占 22.9%，缺乏的土样占 76.7%。其中，赤砂土有机质平均含量为 8.4g/kg，含量中等和缺乏水平的合计占该土种的 99.4%；耕作风沙土的有机质平均含量 8.1g/kg，全部处在中等和缺乏水平。可见晋江市胡萝卜种植地的土壤有机质含量处于较低水平，可能与胡萝卜高产出消耗地力，而农户缺少科学施肥及培肥地力的意识有关。因此，在胡萝卜种植过程中应该注重增施有机肥，提倡秸秆回田和种植绿肥还田等措施以提高土壤有机质含量。具体详见表 5-2。

表 5-2　晋江市胡萝卜种植土壤有机质含量

样品数（个）	变化幅度（g/kg）	平均值（g/kg）	变异系数（%）	缺乏	
				样品数（个）	比例（%）
367	3.0~25.7	8.4±3.1	38.00	282	76.8
136	3.9~17.3	8.1±2.9	35.80	104	76.5
503	3.0~25.7	8.3±3.1	37.40	386	76.7

（续表）

样品数（个）	变化幅度（g/kg）	中等		丰富	
		样品数（个）	比例（%）	样品数（个）	比例（%）
367	3.0~25.7	83	22.6	2	0.6
136	3.9~17.3	32	23.5	0	0.0
503	3.0~25.7	115	22.9	2	0.4

（三）速效养分

1. 碱解氮

晋江市胡萝卜种植土壤的碱解氮变幅为 5~379mg/kg，平均含量为 47.0mg/kg，变异系数为 67.10%；缺乏的土样占 94.8%，含量中等的土样占 3.2%，含量丰富的土样仅占 2.0%。其中，赤砂土碱解氮平均含量 59.7mg/kg，变异系数为 58.67%，处于缺乏和中等水平的土样占该土种的 97.5%；耕作风沙土碱解氮平均含量为 46.2mg/kg，变异系数为 45.44%，缺乏和中等水平的土样占该土种的 99.3%。可能是由于南方氮素淋溶和反硝化作用损失严重，同时随作物收获而被带走，导致晋江的胡萝卜种植地土壤碱解氮含量处于缺乏水平。因此，在胡萝卜种植过程中提倡氮肥深施、基肥深施、追肥沟施和穴施，以减少氮素损失，并配合增施有机肥以提高氮肥肥效。种植土壤碱解氮含量详见表 5-3。

表 5-3　晋江市胡萝卜种植土壤碱解氮含量

项目	样品数（个）	变化幅度（g/kg）	平均值（g/kg）	变异系数（%）	缺乏	
					样品数（个）	比例（%）
赤沙土	367	5~379	59.7±35.0	58.67	345	94.0
耕作风沙土	136	17~170	46.2±21.4	45.44	132	97.1
总数	503	5~379	47.0±32.0	67.10	477	94.8

项目	样品数（个）	中等		丰富	
		样品数（个）	比例（%）	样品数（个）	比例（%）
赤沙土	367	13	3.5	9	2.5
耕作风沙土	136	3	2.2	1	0.7
总数	503	16	3.2	10	2.0

2. 有效磷

晋江市胡萝卜种植土壤的速效磷含量变幅为 0~118.3mg/kg，平均含量 36.6mg/kg，变异系数为 59.60%。含量缺乏的土样占 20.9%，含量中等的土样占 12.3%，含量丰富的土样占 66.8%。其中，赤沙土的速效磷含量为 0~113.9mg/kg，平均为 33.8mg/kg，变异系数为 63.44%，处于丰富水平的土样占该土种的 61.3%；耕作风沙土的速效磷含量为 0.8~118.3mg/kg，平均为 43.2mg/kg，变异系数 50.17%；处于丰富水平的土样占该土种的 80.9%。表明晋江市胡萝卜种植的土壤的速效磷含量处在丰富水平。究其原因主要是磷在土壤移动性较小，且长期大量施用三元复混肥（15-15-15）。建议磷肥与有机肥混合堆沤施用，以减少磷的固定，控制磷肥施用量，可根据具体情况适量施氮钾二元复混肥。土壤有效磷含量详见表 5-4。

表 5-4　晋江市胡萝卜种植土壤有效磷含量

项目	样品数（个）	变化幅度（mg/kg）	平均值（mg/kg）	变异系数（%）	缺乏	
					样品数（个）	比例（%）
赤沙土	367	0~113.9	33.8±214	63.44	90	24.5
耕作风沙土	136	0.8~118.3	43.2±21.7	50.17	15	11.0
总数	503	0~118.3	36.6±21.8	54.8	105	20.9

项目	样品数（个）	中等		丰富	
		样品数（个）	比例（%）	样品数（个）	比例（%）
赤沙土	367	52	14.2	225	61.3
耕作风沙土	136	10	8.1	111	80.9
总数	503	62	12.3	336	66.8

3. 速效钾

土壤速效钾含量与钾肥施用量有一定的相关性。因此，常以施钾量作为参考指标。晋江市胡萝卜种植土壤的速效钾含量为 12~310mg/kg，平均值 71.0mg/kg，变异系数为 54.80%。含量缺乏的土样数占 73.0%，含量中等的土样占 17.1%，含量丰富的土样仅占 9.9%。其中，赤沙土速效钾平均含量为 68.9mg/kg、变异系数为 55.90%，处于缺乏和中等水平的土样占该土种的 91.3%；耕作风沙土的速效钾平均含量 76.9mg/kg，变异系数 51.30%，缺乏和中等水平的土样占该土种的 86.7%。表明晋江市胡萝卜种植土壤缺钾严重。土壤钾素含量与成土母质有一定关系，坡残积物发育的赤砂土和风积物发育的耕作风沙土中钾素的淋溶和流失严重，且钾的移动性强，随作物的收获而被带走。胡萝卜是喜钾作物，随着产量的不断提高，施用的钾肥已不能补充土壤钾素的亏空，致使近年来土壤钾素缺乏严重。因此，应在增施有机肥的同时增施钾肥。种植土壤速效钾含量详见表5-5。

表5-5　晋江市胡萝卜种植土壤速效钾含量

项目	样品数（个）	变化幅度（mg/kg）	平均值（mg/kg）	变异系数（%）	缺乏	
					样品数（个）	比例（%）
赤沙土	367	12~310	68.9±38.5	55.9	284	77.4
耕作风沙土	136	26~253	76.9±39.4	51.3	83	61.0
总数	503	12~310	71.0±39.0	54.8	367	73.0

项目	样品数（个）	中等		丰富	
		样品数（个）	比例（%）	样品数（个）	比例（%）
赤沙土	367	51	13.9	32	8.7
耕作风沙土	136	35	25.7	18	13.2
总数	503	86	17.1	50	9.9

第四节　晋江市现代农业发展政策环境分析

为适应晋江市城市发展的需要，满足城市人民对生产生活的需要，进入21世纪，晋江市积极落实上级农村政策，结合本市农业发展特点，在农业政策方面进行了一系列的调整。

一、土地延包和耕地流转政策

晋江市坚决贯彻党的土地承包期再延长30年不变的政策，做好第二轮土地延包合同签订。全市共有3 597个村民小组、173 359个农户、216 540亩耕地完成了第二轮的土地延包工作，分别占总村民小组数、农户数和耕地面积的98.06%、98.51%和98.14%。

同时，按照党中央、国务院《关于做好农户承包地使用权流转工作的通知》（中发[2001] 18号）精神，本着依法、自愿、规范、有偿的原则，推动耕地合理流转。2011年，全市新增流转耕地面积可达1万亩，全市累计流转耕地面积达10.52万亩，占全市常用耕地的40%，涌现"全国粮食生产大户"5户，11人次，"全国粮食生产大户标兵"2人次。东石、安海、陈埭、深沪、西园、西滨、永和等7个镇（街道）的1/3以上耕地实现有效流转，深沪镇3个专业大户承包全镇1/2耕地，陈埭镇不到2%

的农户耕种 65% 以上耕地。

二、农业产业化和扶持现代农业政策

近年来，农业产业化成为农业发展的驱动力量。晋江市农业部门坚持把农业产业化作为调整农业结构、发展现代农业的重要举措，按照"抓龙头、建基地、打品牌、拓市场、扶中介"思路，大力推进农业产业化发展，财政支农支出逐年增加，大力支持现代农业发展。2009 年初重新梳理出台了《关于扶持农业产业发展的若干意见》（晋政文［2009］2 号），政策扶持预算资金 1 800 万元，涉及现代农业设施建设、农业产业化经营、农业技术推广应用、生态农业建设、晋台农业交流、农业优惠激励机制等六大方面、31 个扶持项目、从产业导向、资源利用、项目立项、技术应用、生态建设、基础设施、市场开拓、品牌建立、技术服务等方面加强引导，加大政策扶持，为发展现代农业创造良好的政策环境。2010 年实际支出财政支农资金 4.1 亿元，比增 17.1%，占全市财政支出比重 11.9%。2011 年农林水财政投入年度预算 4.95 亿元（全年实际投入预计达 5.45 亿元），农业财政投入年度预算 2 200 万元。晋江市政府通过政策引导，创新农业发展理念，按照工业化的理念、公司化的运作、市场化的思维，持续提升农业产业化和现代化水平。

三、扶持龙头企业发展政策

对乡镇企业和农业产业化龙头企业进行各种支持，主要有三种扶持方式。一是工商注册、税收登记、水电、土地方面给予便利；二是对所需要的技术改造、储运、加工、设备等投资给予补贴或对技改贷款贴息担保；三是视其经营业绩和带动农户情况给予直接的绩效奖励。2004 年以来，晋江市从土地利用、资金扶持、项目立项、市场开拓、品牌建设、技术服务等方面大力扶持、培育一批规模大、效益好、辐射面广、带动力强的龙头企业，对国家级、省级龙头企业按省贴息资金 1：0.5 比例配套扶持。

四、农业多功能化政策

中共晋江市委贯彻《中共中央关于推进农村改革发展若干重大问题的决定》的实施意见提出："转变发展方式，建设现代农业，做大做强优势产业，推进农业结构调整，力争市级以上乡村休闲示范基地分别达到 2010 年 5 家、2015 年 15 家、2020 年 30 家，鼓励发展多种形式的休闲观光农业、促进规模果林场转型升级，拓展农业功能。"晋江市人民政府印发《关于进一步扶持农业产业发展若干意见的通知》文件也提出了支持生态休闲农业规划试点等措施，这是农业结构调整在观念上的巨大进步。

五、农业补贴政策

进入 21 世纪，特别是十八大以后，党中央做出了一个重要的判断，就是目前已经进入以工补农、以城带乡的发展阶段。整个农村政策的取向就是要推动城乡统筹，所以实施了一系列农民增收政策，实行对农业补贴，结合农业发展特点，晋江市积极实施了粮食直补、渔船石油补贴、农机直补和种子直补政策。2017 年 4 月晋江市人民政府出台了《关于加快转变农业发展方式推进农业供给侧结构性改革的若干意见》，该意见从加快推进设施农业建设、做强现代农业产业、做精特色农业产业、加快发展现代渔业、支持农业企业品牌创建、增强农业发展保障能力、搞活农产品流通体系建设、培育新型职业农民、扎实推动农业可持续发展、全力推动对外农业合作十个大方面、49 条具体补助措施对农业推动发展。

第六章　晋江市胡萝卜产业竞争力分析

从 2003 年开始晋江市利用沿海小气候特点及优质砂质壤土条件，开始大面积引种胡萝卜。产品主要出口日本、韩国等地。经过十几年的发展，产业发展的不断得到完善、走向成熟阶段，产业链各环节不断得到深化，区域范围也得到有效扩大，如今胡萝卜是晋江市重要的冬作物。但随着发展的深入和时间的持续，由于各方意识和判断的有限性，产业发展也逐渐出现一些不足和短板。

第一节　晋江市胡萝卜优势区域与栽培模式

一、晋江市胡萝卜种植分布状况

（一）总体情况

晋江市经济作物主要分为水果和蔬菜两大类，其中水果以龙眼为主，蔬菜以胡萝卜和叶瓜果类为主。在蔬菜生产方面，2015 年蔬菜种植面积 18.5 万亩，产量 38.6 万吨。其中，晋江市作为全省最大的胡萝卜种植基地，共有胡萝卜种植专业户 310 户（最大户种植面积 2 300亩），种植面积 6 万多亩、产量 24 万吨，分别占全市蔬菜种植面积总量的 32.43%、占全市蔬菜总产量的 62.18%。2011—2015 年晋江市胡萝卜产业种植面积如表 6-1。

表 6-1　2011—2015 年晋江市胡萝卜种植面积　　　　（单位：亩）

年份	2011	2012	2013	2014	2015
种植面积	45 735	50 730	53 116	59 046	64 501

注：数据来源于晋江市农业局。

从表 6-1、图 6-1 和图 6-2 中可以看到，从 2011 年的 45 735 亩到 2015 年 64 501 亩，五年间增加了 18 766 亩，增长了 41%，其中 2012 年增长了 10.9%，2013 年增长了 4.7%，2014 年增长了 11.2%，2015 年增长了 9.2%。可以看出，晋江市胡萝卜种植面

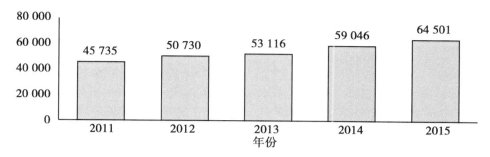

图6-1　2011—2015年晋江市胡萝卜种植面积

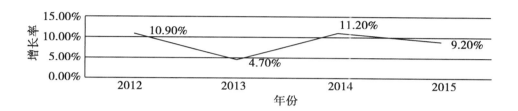

图6-2　2011—2015年晋江市胡萝卜种植面积增长率

积近年来平稳上升，年平均以10左右增长。

（二）各乡镇情况

21世纪初从厦门翔安区扩展到晋江市的胡萝卜种植，经过十几年的发展，已经覆盖了晋江市沿海的大部分乡镇，主要包括东石、金井、英林、深沪、龙湖、安海、永和和内坑等镇。其中以东石镇最多，2015年全镇种植面积达18 833亩，占全市种植总面积的29.2%；其次为龙湖镇，2015年种植面积达9 122亩，占全市种植总面积的14.1%。从2011—2015年胡萝卜主要种植乡镇的种植面积如表6-2、图6-3、图6-4。

表6-2　2011—2015年晋江市胡萝卜主要种植乡镇种植面积　　　　（单位：亩）

镇别	2011年	2012年	2013年	2014年	2015年
东石镇	12 335	14 278	16 070	18 119	18 833
金井镇	3 571	3 602	3 571	5 833	6 662
英林镇	2 543	3 220	4 015	2 310	4 345
深沪镇	5 727	5 877	6 042	6 260	6 290
龙湖镇	6 150	5 892	6 782	8 137	9 122
安海镇	3 744	5 975	6 193	6 700	7 011

（续表）

镇别	2011 年	2012 年	2013 年	2014 年	2015 年
永和镇	1 575	1 510	1 945	1 785	2 112
内坑镇	6 795	6 938	5 999	6 702	6 813
其他	3 295	3 438	2 499	3 200	3 313

注：数据来源于晋江市农业局。

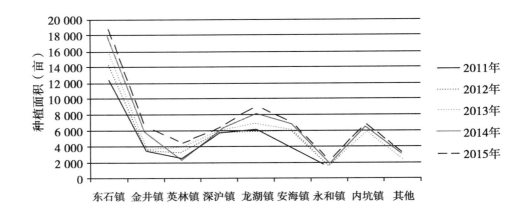

图 6-3　2011—2015 年晋江市胡萝卜主要种植乡镇种植面积变化折线图

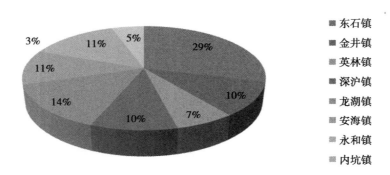

图 6-4　2015 年晋江市胡萝卜主要种植乡镇种植面积比例图

二、晋江市胡萝卜栽培模式

胡萝卜喜凉爽的环境条件。晋江市胡萝卜为露地秋季栽培，一般 8 月下旬—12 月上旬播种，生长周期早熟品种 90～120 天，中晚熟品种 120～150 天，通常生长期 5 个月，跨度 2 年。根据胡萝卜生长情况可划分为播种发芽期、幼苗期、叶盛期、肉质根膨大期四个生育时段。发芽期：发芽期从播种后种子萌动开始，直到子叶展开并出现第 1 片真叶为止，在适宜环境下（20~25℃）约需 7~12 天；幼苗期：从生长出第 1 片真叶开始，到肉质根破肚（5~6 片真叶）为止，约需 25~30 天；叶盛期：从破肚开始到植株长出 12 片真叶左右为止，约需 30~35 天；肉质根膨大期：从长出 12 片真叶开始直到收获，约需 45~55 天。

晋江市胡萝卜种植方式与北方不同，北方种植一般为一垄两行，晋江市一般采用一垄四行的垄作模式，其中无公害片区有两种生产模式。一种是行距 15cm，穴距 9cm，垄面宽度 60cm，沟底 17cm，沟宽 47cm，沟斜面 31cm；另一种是行距 15cm，中间行距 18cm，穴距 7cm，垄面宽度 70cm，沟底 15cm，沟宽 40cm，沟斜面 28cm。

（一）栽培技术

1. 选地

胡萝卜属于根菜类作物，直根入土深，宜选择土层深厚，疏松肥沃，排水良好的砂壤土种植，这有利于胡萝卜块根旺盛生长，外皮光亮，颜色鲜艳，口感脆甜。切忌选粘重土壤，以免因土壤排水不良，发生畸形根、裂根，甚至烂根等现象。园地要求周围无污染源，有充足的清洁水源，地势平整，交通便利。

2. 播种

播种前应耕翻 20~30cm，并多次翻土晒白土壤，提前 10 天进行整地。要求田块四周挖排水沟，拾净石块、瓦砾，清除杂草。在深耕的基础上，力争做到表土细碎、平坦，以保证发芽整齐迅速，耕作深度 30cm 左右，深耕后施足基肥，然后起垄做畦。基肥以腐熟有机肥为主，每 1 亩施腐熟有机肥 3 000~5 000kg、复合肥 20kg、过磷酸钙 20kg，施基肥之后深翻细耙，让肥料与土壤混合均匀。2~3 天后犁沟作畦，畦宽 0.8 米、沟宽 0.3 米，每畦种植 4~5 行、行距 13~15cm、株距 6~8cm，打浅穴点播，点播后用细土杂肥覆盖。采用穴播方式可节省种子、节约种子成本。坂田七寸为中晚熟品种，在泉州于 9—11 月播种为宜，选择连阴天播种最好，每 1 亩播种量 120~150g。

3. 间定苗与中耕锄草

胡萝卜喜光，充足的阳光有利于肉质根的形成。以此同时应及时间苗，防止幼苗拥挤。一般播种后 25 天左右进行间苗，疏去过密苗、弱苗等，保留健苗，苗距 3~4cm。35 天左右进行定苗，定苗株距 10~13cm。结合间苗要做好中耕除草和培土工作，培土时要在叶片没有露水时进行，在肉质根膨大前结合中耕，将沟间土壤培向根部，将露出的根埋入土中，以防止见光转绿，降低品质。胡萝卜幼苗期杂草滋生很快，要及时除草，以保证苗全、苗壮，一般采用人工拔除杂草的方法，在播种后 20 天开始除草，以免影响幼苗的生长，叶片封行前进行最后 1 次除草。

4. 肥料管理

胡萝卜整个生长阶段需要进行 3 次左右追肥。第 1 次为提苗肥,在齐苗后 15 天进行,每亩施复合肥 10~20kg,在种植行间拉浅沟施下,主要促进幼苗期叶片和根系生长。第 2 次为壮根肥,在定苗后 10 天进行。此时期是地上叶丛和根系旺盛生长期,根系吸收肥料、水分能力强,肉质根延长生长与加粗同时进行,每亩施复合肥 25~35kg。第 3 次为膨根肥,在播种后 80~90 天进行。此时期胡萝卜肉质根迅速膨大,叶片亦继续生长,每 6 亩施复合肥 10~20kg。追肥应结合浇水进行,于行间开沟施入,然后覆土,随即浇水,收获前 20 天内不施用速效氮肥。

5. 水分管理

(1)管理要求。泉州市沿海地区冬季少雨,沿海风力强,蒸腾旺盛,砂质土壤保水能力差。胡萝卜整个生长期需水量大,天旱一般 3~5 天喷水 1 次,土壤湿度保持在田间持水量 60%~80%。从播种到出苗,应连续浇水 2~3 次,以保证顺利出苗。幼苗期需水量不大,应保持水分适中。进入叶部生长盛期,要适当控制水分,加强中耕,防止地上部分徒长。肉质根肥大期,也是对水分需求最多的时期,应及时浇水,经常保持土壤湿润。若浇水不足,则肉质根瘦小而粗糙,品质差。若供水不匀,则易引起肉质根开裂。胡萝卜生长后期遇上阴雨季节要及时排水,防止根部开裂和病虫害发生。

(2)节水技术。伴随发展规模的不断扩大,节水技术的应用不断得到推广,主要做法是建园时安装微喷灌设备,同时深翻土壤,施入足量有机质改良土壤,在促进胡萝卜根系生长的同时提高土壤自身的贮水能力;后期采用高效栽培技术,在减少水分蒸发的同时提高土壤贮水能力;在干旱时采用喷灌、微灌等科学有效的灌溉方式,尽量使水分集中在其根系周围,减少地表蒸发和地下渗流,从而达到节水栽培的目的。出苗前应保持土壤湿润,一般苗期 1 天喷灌 1 次,每次约 15 秒,以土壤保持见湿见干为原则。苗期后一般 2 天喷灌 1 次。追肥的前 3~4 天控水,配合开沟晒根,晒至叶片略显萎蔫,以促进主根下扎。追肥后 7 天内应多喷水,以利肥料的吸收,1 天喷灌 1 次,每次 20 秒。播种 70 天以后,可 3 天喷 1 次水,以利于块根的生长。

6. 病虫害防治

坂田七寸的生长期在冬季,一般病虫害较少。主要害虫有金针虫、地老虎、蝼蛄等,病害主要有白粉病、黑斑病、软腐病等。提倡以农业防治为主,物理防治、生物防治相结合的综合防治措施。农业防治措施主要是实行轮作,合理品种布局;部分水源较好的地区可采用水旱轮作,或前茬种植与胡萝卜不同科的西瓜、甜椒等经济作物;

播种前土壤深翻、晒白，及时排除田间渍水，达到减少病虫源数量和营造不利于病虫害发生的生态环境的目的。物理防治措施有应用黑光灯、频振式杀虫灯或食料毒饵诱杀金针虫、地老虎、蝼蛄、夜蛾类害虫的成虫。生物防治主要是加强病虫测报，减少喷药次数，喷施苏云金杆菌和青虫菌等生物农药，保护害虫天敌。

7. 实时采收

坂田七寸生长期130~160天，不易抽苔，但在肉质根充分膨大成熟时也要适时采收。采收过早，影响产量，过迟则会使肉质根组织变老，而且因4—5月梅雨天气，易引发病害，影响产品质量。采收时间也可根据市场行情适度调整。

（二）技术服务

晋江市现有胡萝卜种植场户300多户，但大多都以单打独斗方式面对市场，缺少能够对胡萝卜种植提供栽培、病虫害防控等日常生产技术指导组织。场户在日常生产中多为个人自我组织生产，较少规范化安排。截至2015年9月，在有效期内晋江市无公害胡萝卜种植认定面积7 050亩，场户15家。标准化生产在晋江仍然比较落后。

三、晋江市胡萝卜产量特点

（一）总产量

随着晋江市胡萝卜种植规模的稳定增加，胡萝卜的产量也有所增加，从2008年的97 106t增加到2015年的387 006t，增长了300%左右。其中增长最快的是2009年，增长了51.5%，往后增长相对比较平稳，增长幅度保持在10%左右。具体可见表6-3、表6-4、图6-5和图6-6。

表6-3 2009—2015年晋江市胡萝卜总产量　　　　　　　　　　　　　（单位：t）

年份	2009	2010	2011	2012	2013	2014	2015
产量	147 134	205 599	241 205	251 700	276 321	303 648	387 006

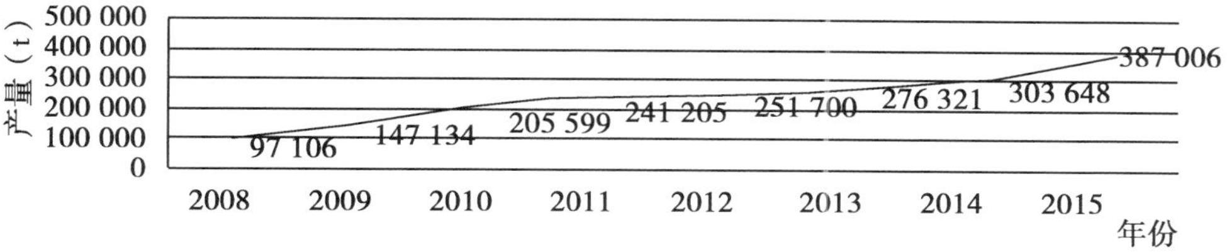

图6-5 2008—2015年晋江市胡萝卜总产量折线图

表 6-4　2009—2015 年晋江市胡萝卜总产量增长幅度

年份	2009	2010	2011	2012	2013	2014	2015
增长幅度	51.50%	39.70%	17.30%	4.35%	9.78%	9.89%	27.40%

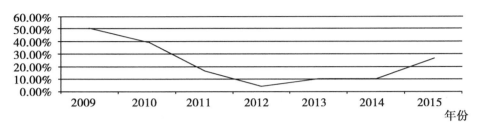

图 6-6　2009—2015 年晋江市胡萝卜总产量增长幅度折线图

（二）各乡镇情况

晋江市胡萝卜种植主要分布在东石、金井、英林、深沪、龙湖、安海、永和和内坑等镇。其中东石镇为最多，在 2015 年全镇种植产量在 112 998t，占全市种植总产量的 29%；其次为龙湖镇，2015 年种植产量达 54 732t，占全市种植总面积的 14%。从 2011—2015 年胡萝卜主要种植乡镇的种植产量如表 6-5、图 6-7 和图 6-8。

表 6-5　2011—2015 年晋江市胡萝卜主要种植乡镇种植产量　　　　（单位：t）

镇别	2011 年	2012 年	2013 年	2014 年	2015 年
东石镇	65 054	70 841	83 600	93 178	112 998
金井镇	18 833	17 872	18 577	29 997	39 972
英林镇	13 412	15 976	20 887	11 879	26 070
深沪镇	30 204	29 159	31 432	32 192	37 740
龙湖镇	32 435	29 234	35 281	41 845	54 732
安海镇	19 746	29 645	32 217	34 455	42 066
永和镇	8 307	7 492	10 118	9 179	12 672
内坑镇	35 837	34 423	31 208	34 465	40 878
其他	17 378	17 058	13 000	16 456	19 878

（三）单产

2008 年以来，晋江市胡萝卜种植品种均相对稳定，90% 种植为坂田七寸，另外零散有文兴七寸、红星、红贵 306 等，坂田七寸品种常年收成比较稳定，基本稳定在每年每亩 6t 左右。

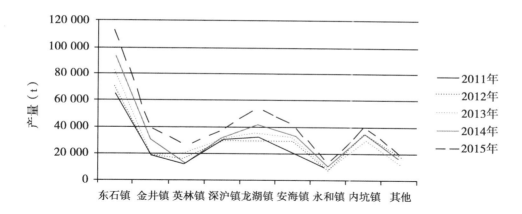

图6-7　2011—2015年晋江市胡萝卜主要种植乡镇种植产量变化折线图

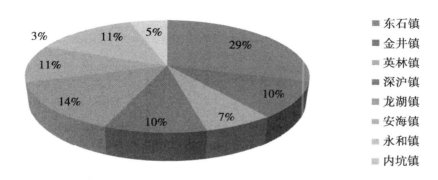

图6-8　2015年晋江市胡萝卜主要种植乡镇种植产量比例图

四、营养成分

由于晋江属于沿海区域，土壤和气候对于胡萝卜种植比较有利，总体口感比较好。通过对晋江市各主要种植胡萝卜乡镇的抽样检查。具体效果如下（一般指标偏离于平均值10%，该处定位为异点；小部分指标由于公差较大，所以异点定位为偏离于平均值20%）。

能量：能量高偏于平均值集中金井、内坑区域，能量低偏于平均值集中在永和、英林区域。

钠：钠元素高偏于平均值集中在金井区域，低偏于平均值集中在英林区域。

维生素C：普遍维持在平均值8.41mg/100g附近。

β-胡萝卜素：高偏于平均值集中在内坑、英林、龙湖区域，低偏于平均值集中在金井、安海、深沪区域。地区间差异较大，最大含量（内坑）与最小含量（金井）间差距约49%。

烟酸：高偏于平均值集中在永和区域，低偏于平均值集中在龙湖、磁灶、内坑、东石区域。

维生素 E：高偏于平均值集中在金井、英林、龙湖区域，低偏于平均值集中在磁灶、内坑、深沪区域。

维生素 B_2：高偏于平均值集中在内坑、磁灶区域，低偏于平均值集中在英林区域。

钙：高偏于平均值集中在英林区域，低偏于平均值集中在磁灶、内坑区域。

镁：高偏于平均值集中在深沪区域，低偏于平均值集中在磁灶、内坑、永和区域。

磷：高偏于平均值集中在金井、英林、龙湖区域，低偏于平均值集中在内坑、深沪区域。

铁：高偏于平均值集中在深沪区域，超出平均值近 3.8 倍。该点说明，该区域铁元素丰富。

锌：高偏于平均值集中在安海、金井区域，低偏于平均值集中在内坑、东石区域。

五、晋江市胡萝卜产值

（一）总体情况

近年来，晋江市胡萝卜产值总体随产量稳步上升，收益率减缓，胡萝卜价格波动剧烈，尤以 2011 年、2014 年、2015 年为甚。2010 年我国北方天气温暖，蔬菜供应充足，这直接导致晋江市胡萝卜亩产销售价格低，当年出现大面积亏损现象，2014 年受年市场饱和、物流原因，市场价格也不乐观。2015 年由于气候"给力"带来的丰产增收和种植规模扩大带来的产量剧增；以及东南亚等其他国家也开始种植胡萝卜，给晋江市胡萝卜出口造成很大的压力。具体情况详见表 6-6、表 6-7、图 6-9 和图 6-10。

表 6-6　2009—2015 年晋江市胡萝卜年度总产值　　　　　（单位：万元）

年份	2009	2010	2011	2012	2013	2014	2015
产值	26 329	32 103	34 102	38 395	39 809	43 522	30 960

注：数据来源于晋江市农业局。

表 6-7　2009—2015 年晋江市胡萝卜年度平均单价　　　　（单位：元/t）

年份	2009	2010	2011	2012	2013	2014	2015
单价	1 789	1 561	1 414	1 525	1 441	1 433	800

注：数据来源于晋江市农业局。

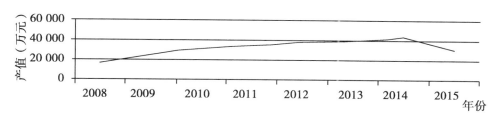

图 6-9　2008—2015 年晋江市胡萝卜年度总产值折线图

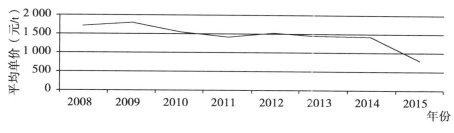

图 6-10　2008—2015 年晋江市胡萝卜年度平均单价折线图

（二）各乡镇情况

晋江市胡萝卜种植主要分布在东石、金井、英林、深沪、龙湖、安海、永和和内坑等镇。其中东石镇为最多，在 2011 年、2013 年、2015 年全镇种植产值在 9 198 万元、12 044 万元、10 500 万元，占全市种植总产值的 21%、30% 和 29%；其次为龙湖镇，2011年、2013 年、2015 年种植产值达 4 586 万元、5 083 万元和 5 086 万元，占全市种植总面积的 13%、13% 和 14%。从 2011—2015 年胡萝卜主要种植乡镇的胡萝卜产值如表 6-8、图 6-11 和图 6-12。

表 6-8　2011—2015 年晋江市胡萝卜主要种植乡镇产值　　　　　（单位：万元）

镇别	2011 年	2012 年	2013 年	2014 年	2015 年
东石镇	9 198	10 806	12 044	13 355	10 500
金井镇	2 663	2 726	2 676	4 299	3 714
英林镇	1 896	2 437	3 009	1 703	2 422
深沪镇	4 270	4 448	4 528	4 614	3 507
龙湖镇	4 586	4 459	5 083	5 998	5 086
安海镇	2 792	4 522	4 641	4 938	3 909
内坑镇	5 067	5 251	4 496	4 940	3 798
永和镇	1 174	1 143	1 458	1 316	1 177
其他	2 457	2 602	1 873	2 359	1 847

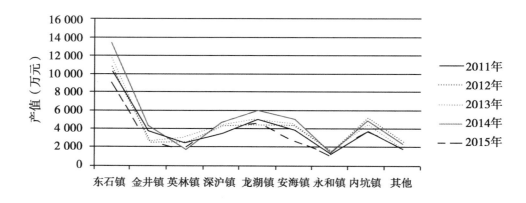

图 6-11　2011—2015 年晋江市胡萝卜主要种植乡镇产值变化折线图

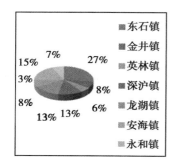
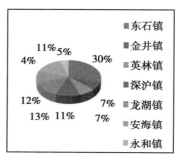
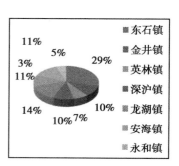

图 6-12　2011 年、2013 年、2015 年晋江市胡萝卜主要种植乡镇产值比例饼图

第二节　晋江市胡萝卜管理组织现状

一、经营组织模式

晋江市委、市政府十几年来高度重视胡萝卜产业化发展，坚持以工促农，用工业化理念谋划发展现代农业。2014 年晋江市现有耕地 25 万亩，其中水田 6 万亩，旱地 19 万亩，而在旱地种植中胡萝卜面积 5.1 万亩，占比 26.8%，晋江已成福建省胡萝卜种植面积第一大县市。胡萝卜种植成为近年来晋江市农作物种植主要品种，特别是近年来胡萝卜种植呈现爆炸性增长，晋江市现有胡萝卜种植场户 300 多户，但大多都单打独斗方式面对市场，缺少能够对胡萝卜种植提供栽培、病虫害防控等日常生产技术指导组织。场户在日常生产中多为个人自我组织，较少规范化生产。产业经营模式主要有：

1. 分散的农户经营

一家一户的自我生产模式，种植面积 20 亩以下，没有雇工、没有加入合作社，或者与大型场（企业）联合，分散的农户经营"各自为政"，生产批量少，交易成本高，不具有比较效益。在种植、施肥、喷药方面基本凭借自我经验实施，缺乏统一的指导和强制标准引导，产中服务环节不足。

2. 规模经营

（1）大型场（户）。晋江市胡萝卜生产大部分已经进行规模化种植，按照 2014 年年末规模经营验收情况来看，80% 以上实现规模化连片经营。2008—2014 年晋江市胡萝卜种植面积由 18 321 亩增加到 50 608 亩，总计增长 32 287 亩，是原来的 2.76 倍，年均增长达 18.5%，增长中主要是规模化经营户的扩张和增长，有多户单片种植面积连片百亩以上。

（2）合作社模式。晋江市现以胡萝卜生产为主业的合作社约 20 多家，但是发展情况参差不齐，大部分存在着运作不规范、专业性差、农民参与程度低、组织松散等问题。如内坑镇晋江市万兴种植专业合作社等 5 家农业生产场（户），虽然组织的目的和想法很好，但是实际运行当中，存在很多分歧和利益冲突，导致组织作用弱。

（3）农业企业。随着胡萝卜产业发展的深入，一些规模比较大的种植户，不断从萌芽到扩张再到稳定，逐渐的发展为农业企业或农业龙头企业。如晋江绿泉农业开发有限公司、晋江市东石镇绿兴综合农场、晋江市梅塘综合农场、晋江市万兴种植专业合作社，但这些企业因为市场变化与竞争关系，或因自己实力或号召力不过而还未能在相关的产业链中，起到引领的关键作用。

二、管理方式特点

家庭农场是指以家庭成员为主要劳动力，从事农业规模化、集约化、商品化生产经营，并以农业收入为家庭主要收入来源的新型农业经营主体。2013 年中央一号文件提出，鼓励和支持承包土地向专业大户、家庭农场、农民合作社流转。目前，家庭农场已成为泉州晋江胡萝卜种植的主要模式，并助推泉州晋江成为全国冬春季胡萝卜最大的种植和出口基地。现胡萝卜出口备案基地具三大方面特点：

一是实现标准化管理。家庭农场式的出口备案基地全面实行技术、培训、种苗、农作、投入品的"五统一"管理，建立疫情疫病监测、精细农作、有毒有害物质控制、追溯管理等标准体系，实现从田块到产品出口的全过程管理无缝衔接，改变了单一农户"小、散、乱、低"的状况，初步实现了规模化经营与精细化管理的点面有机结合，出口企业和种植基地标准化管理两个增强的目标，确保了出口保鲜胡萝卜符合进口国的安全卫生标准和检疫要求。

二是示范效益明显。通过家庭农场的带动作用，再加上晋江良好的气候土壤环境，配套以日本良种"坂田七寸和农场引进的先进胡萝卜种植技术，所产胡萝卜个头均等、色泽光亮、品质良好，受国内外市场的青睐。产品畅销日本、韩国、马来西亚、泰国等 10 多个国家，并抢占日本冬季胡萝卜高端市场。目前，"管理先进的家庭农场式的备案基地，优质的胡萝卜品质"已在全国出口胡萝卜中叫响，在原有配套的 40 多家出口企业基础上，浙江、山东等异地出口加工企业纷纷闻声而来，寻求更大的合作机遇。

三是惠农效益明显。2002 年原来仅在几百亩的农村抛荒地上试种，而现在达到 4.69 万亩，扣除种子、肥料、劳动力等成本，每亩地的平均纯收入可达 1 万元以上，总体纯收入达 4.69 亿元以上。其中出口胡萝卜每吨价格比内销产品约高出 300 元，按亩产量 7t 计算，每亩出口备案基地收入要高出 2 000 多元。晋江胡萝卜"漂洋过海"，已成为晋江第一创汇农产品，成为地方产业转型升级的典范。

第三节　晋江市胡萝卜产前组织现状及特点分析

在胡萝卜产前组织方面，晋江市政府主要在种子购买、土地流转、灌溉设施等方面做了大量工作、每年组织农业局、财政局、水利局等工作人员开展了大面积验收扶持工作。

一、种子

晋江市现有胡萝卜种植品种 90% 为坂田七寸（SK-316）。坂田七寸为杂交一代，肉质根近圆柱形，无黄色髓心条纹，芯肉、皮深红色；表皮光滑、有光泽；长 23～26cm，直径 5cm 左右；平均单根重 350g 左右，平均单产 6 000kg/亩。商品性好，成品率高。该品种 2003 年通过福建省非主要农作物认定委员会认定，迄今坂田七寸种植面积已占全省种植面积 50%。该品种种子高度垄断，福建省境内仅有一家公司经营。晋江市农民种植种子的购买主要由农民向其或者第三方购买。与此同时，随着种植面积的快速扩大，种子的价格一路飞涨，由原来的几百元一罐到一万多元一罐，种植的成本占据了胡萝卜生产成本的 1/3，晋江市及厦门市相关部门也曾组织与供应商进行谈判，取得了一定的成绩，缓解了一定的成本，但成本依然很高。

二、土地规模经营

在我国，随着乡镇企业的迅猛发展，农村劳动力大量转移到第二、三产业，从而促使耕地的转包和集中，形成农业规模经营。实行土地规模经营是对家庭联产承包责任制的发展和完善，也是传统农业向现代农业转化的必然过程，它的形成和发展，为晋江的农业注入新的生机和活力。晋江土地规模经营始于 1984 年，发源于乡镇企业较为发达的陈埭镇。1988 年后，土地规模经营伴随着农村经济发展在全市各地蓬勃兴起，并呈现出经营规模扩大化的趋势。2009 年，市政府出台《关于加快农村土地使用权流转的意见》，专门成立耕地流转工作机构，制定专项扶持政策，连片种植 20 亩以上，承包期 3 年以上，每亩每年补贴 100 元，进一步强化了耕地流转指导服务，促进耕地有序规范流转，促进土地向涉农企业、农民专业合作社、规模场户、种田能手集中。至 2014 年全市累计已流转土地 12 万亩，占全市耕地面积的 48.0%。全市发展规模种植专业场户 314 户，其中种植专业大户 167 个。先后有 8 人次获农业部"全面粮食生产大户"称号，1 人次获"全国粮食生产大户标兵"称号。

三、节水灌溉设施

晋江市政府历来高度重视农业节水灌溉发展，其中 2007 年版扶农政策规定："扶持发展节水农业。对连片 50 亩以上实行沟带式喷灌、旋转式微灌以及滴灌的经营户，每亩分别一次性补助 250 元、300 元和 350 元。"2008 年以来，晋江市每年均投入百万元以上在胡萝卜节水设施方面，2008—2014 年已累计投入 1 389.7 万元，晋江市胡萝卜生产现已基本显现旋转式微灌。旋转式灌溉设施每亩成本约 1 000 元，晋江市补助已达 30%。

第四节　晋江市胡萝卜储藏与加工现状

一、储藏冷链

晋江市胡萝卜一般采取秋冬季种植，来年春节前至五月份采收，产品集中上市时节，成品扎堆，不仅影响了销售价格，也带来巨大的储藏难题。针对此问题，2013 年晋江市在修订的扶农政策中首次提出："对新建生产性果蔬冷藏保鲜库房，每立方米一次性补助 100 元"。2014 年晋江市修巧新版扶农政策，继续列款规定"对新建生产性果蔬冷藏保鲜库房 500 立方米以上，其设施农用地经市政府备案的，每立方米给予一次性补助 100 元，每户最高不超过 50 万元"。2013 年补助内坑镇晋江市万兴种植专业合作社等 5 家农业生产场（户）合计 10 860 平方米，补助金额108.6 万元。2014 年补助晋江绿泉农业开发有限公司 3 510 平方米，补助金额 35.1

万元。加上早前建设的冷库，现有晋江市胡萝卜冷库面积不足1.5万平方米，这对现有产量需求来说严重不足，现有冷链存在巨大缺口。

二、胡萝卜加工

晋江市胡萝卜产业主要以生鲜产品为主，大量的产品在市场销售价格良好的时候，产品比较畅销，但是胡萝卜产业由于市场信息的不对称和不完整，也经常出现价格低迷，供过于求。不少年份出现地上的胡萝卜没人收，直接烂在地里。同时也包括一些好年份，同样有一些比较不美观的产品未能以生鲜产品销售。因此，胡萝卜产业加工的扶持与发展显得非常的必要和可行。调查走访发现，晋江市胡萝卜现均采用鲜果销售方式，缺少能够深入挖掘胡萝深加工价值、带动农民进一步增收的企业，虽然晋江具有大量从事食品生产的企业，但是具有从事胡萝卜深加工的企业几乎一片空白。

第五节　晋江市胡萝卜贸易与销售状况

一、销售

泉州胡萝卜以内销为主，占总产量的5/6。在抢占国内市场的同时，泉州还深耕海外市场，年出口胡萝卜5万多吨，成为全国最大冬春季出口胡萝卜产地之一。每吨胡萝卜出口价比内销价高300元左右，个头在3~6两的精品卖价更高。为提高胡萝卜出口达标率，从2010年开始，泉州检验检疫局率先在晋江探索监管新模式，将1万多亩种植基地列为出口备案基地，进行技术、培训、种苗、农作和投入品管理，并建立疫情疫病监测、有毒有害物质控制、质量追溯等标准体系，实现从田间地头到产品出口的全过程无缝衔接。由于品质优越，晋江出口的胡萝卜中有2/3进入高标准要求的日本，已成为国际性的地域品牌。在原有出口备案基地配套的40多家出口企业基础上，晋江又吸引浙江、山东等异地出口企业前来寻求合作商机。据业内人士透露，企业需要通过产品认证、土壤化验、包装内膜等几十道程序，才能获得出口备案资质。泉州目前仅有2家胡萝卜出口企业，当地出产的新鲜胡萝卜有90%以上供给厦门出口企业。

由于农业发展的意识和引导的不及时，晋江市胡萝卜在产后销售等方面还比较落后。销售方面基本依赖外地客商主动上口收购，缺少销售话语权。2008年、2009年晋江市胡萝卜尚能够凭借价格优势部分出口日本、韩国等，2011年以来随着胡萝卜价格回落，本地产胡萝卜不再具备价格优势，多转为国内销售，补充北方胡萝卜供应期。

晋江市每年胡萝卜价格变动大，最好 2008 年、2009 年高峰时销售价格可达 12 000~13 000 元/亩，最坏 2011 年、2014 年最低仅剩 3 000 元/亩，甚至出现胡萝卜滞销，场户直接丢弃胡萝卜不予采收的现象。

这两年，胡萝卜市场较混乱。盲目扩种导致供过于求，加上中间商尽捡便宜的采购，不免催生恶性竞争。现在国内胡萝卜市场已饱和，利润空间越来越小。同时，国际市场因遭到越南冲击，也不容乐观。"国内人工成本是越南的四五倍，加上其他费用，出口胡萝卜每吨总成本在 1 000~1 500 元。未来几年，越南将不断蚕食泉州在日本和韩国的胡萝卜市场份额。"胡萝卜怕水，一旦滞销又碰雨天，就会烂在地里。为此，泉州企业也曾尝试过深加工，希望通过延伸胡萝卜产业链，来提高对市场风险的抵抗能力，却都不大顺利。首先是原料供应问题，泉州的胡萝卜采收期一般是 4 个月，季节性强，无法常年给加工厂供货。其次是利润问题，企业没掌握到精专的核心技术，无法提取胡萝卜营养素，做不了附加值很高的产品，只能给食品厂提供紫菜包或泡面蔬菜包的辅料，利润微薄。从申请相关手续到产品认可，前后经几十道程序，人力、物力、财力、投入大。新产品要被市场接受，至少要两三年。在销路还未明朗之前，现在不敢贸然行动。

二、出口创汇

2015 年晋江共种植胡萝卜面积超过 6 万亩，年产 20 余万吨，产值超 7 亿元，主要供应厦门、泉州两地 40 多家出口企业，出口量超 5 万吨，占全国胡萝卜出口总量的 50% 以上，产品畅销日本、韩国、马来西亚、泰国等 10 多个国家。其中 2/3 出口日本。而新产季种植面积进一步扩大，基地扩展到洛江区、惠安县，示范辐射效应正不断扩大。

胡萝卜是一种生活中的配菜，不是主粮，消费量有限，在丰产年份，滞销时有发生"该问题依然困扰着业界。有关方面也曾考虑像猪肉价格平抑机制一样，给予冻库补贴，鼓励他们逢低收储，但从实际情况来看，由于胡萝卜的产量实在太多，有限仓容的收储效果微乎其微。"

总之，2015 年的大规模的滞销问题，沉重打击了措手不及的晋江胡萝卜种植业者。事实证明，只有发展深加工才是解决规模化生产后顾之忧的坚强后盾。业界也逐渐意识到，只有借鉴德化在发展淮山产业上的思路——在扩大种植规模、提高产量的同时，积极建设与之配套的冻干加工等深加工设备，才能最大程度降低由于产量过剩导致的销售不畅问题。在晋江市吉隆农业综合开发有限公司总经理许天增看来，"如果种植业产业链后端有深加工环节，当鲜胡萝卜销售不畅的时候，可以经由深加工，消化陷入滞销的产品，减少损失。"

此外，农业主管部门也应加强对种植业者的指导与帮助。种植季节时，农业局将参考国内其他产区的数据，帮助当地农民分析预测明年的行情走势，提供可参照的市场消息；同时，因为胡萝卜的种子大部分是由日本进口的，进口数据可以通过海关等部门查询到，并据以测算出当年的播种面积和产量。如果相关部门能主动查询并积极测算相关数据，一旦种植过量，就可以在播种前给种植业者发布即时的风险警示，避免滞销问题再次出现。

第六节　晋江市胡萝卜产业发展的优势与挑战

一、优势条件

1. 时间季节性优势

产品可以弥补我国北方胡萝卜淡季；晋江市胡萝卜在每年的元月至四月新鲜上市，彼时恰逢国内出口新鲜胡萝卜淡季，因此销售价格较高，受到广大客商欢迎。福建省胡萝卜收获上市期集中在 1 月中下旬至 5 月上中旬，与我国胡萝卜其他主产区的产期错开，上市时间好，因此成为我国鲜冷冻胡萝卜出口的主产区。胡萝卜产量通常平均 75t/hm² 以上，最高可达 100t/hm²。在市场价格理想年份，由于产量高、效益好，促进了农民发展的积极性，胡萝卜种植面积越来越大，其产业的发展亦颇迅速。

2. 资本优势

晋江全市辖有 13 个镇、6 个街道办事处，390 个行政村，总人口 108 万人，2013 年实现地区生产总值 135 亿元，增长 15.5%；工业总产值完成 3 322.03亿元，同比增长 13.0%；财政总收入完成 182.79 亿元，增长 13.5%；三次产业比例为 1.3：67.3：31.4。县域经济综合竞争力稳居第 5 位，实际比 2012 年上升 3 位。2013 年，晋江市超越江苏省太仓市、宜兴市和浙江省慈溪市，仅次于 2010 年 "区域经济强县统筹发展组团" 的江苏省昆山市、江阴市、张家港市、常熟市等四市。高度发达的工业经济与雄厚的财政力量，支撑着晋江市政府不断坚持以工促农，不断发展农业产业化。同时，晋江民间资本也比较雄厚，晋江拥有民营企业 3.3 万多家，创造的就业、工业产值、税收分别占全市总量的 97%、95% 和 93%，形成 "十分天下有其九" 格局。晋江是全国知名侨乡，"十户人家九户侨"，拥有港澳台同胞、海外侨胞 300 多万，遍布东南亚、欧美等 60 多个国家和地区，设立 1 亿元人才专项基金、3 亿元产业投资基金和 1 亿元风投基金，此外，晋江积极构建新型民间金融机构组织体系，在全省率先开展民间融资备案试点，成立全省首家民营企业集团财务公司——七匹狼财务公司，泉州地区首家第三方支付公司通过技术认证，设立 46 家准金融机构，推动超 50 亿元民间资本金融金融领域。所有这些都形成了产业发展的优势。

3. 产业化优势

2013 年，全市累计拥有加工企业带动型、专业市场带动型、流通企业带动型为代表的产业组织 269 个，其中晋江市本级农业产业化龙头企业 42 家、农业生产示范基地 38 家，泉州市级农业产业化龙头企业 31 家、省厅级重点农业产业化龙头企业 7 家、省级重点农业产业化龙头企业 17 家、国家级农业产业化重点龙头企业 3 家（福源、福马、乐天）。拥有产值超亿元以上企业 14 家（福源、亲亲、金冠、福马、喜多多、闽南、富鸿、阿一波、乐天、威威猫、蜡笔小新、好邻居、永样、力绿）。2013 年，全市 80 家市级龙头企业、示范基地实现产值 97.48 亿元，带动省内外农户 27.5 万户，带动农民增收 14.6 亿元。高度发达的县域工业经济造成农村大量土地闲置，晋江市政府在土地规模集约化方面的努力具有显著成效，胡萝卜规模经营，规模效益具有巨大优势。2008—2014 年晋江市胡萝卜种植面积高速增长，规模化种植初见成效，产业发展具有很强的后发优势。

4. 贸易出口优势

贸易出口稳步发展，据 2003—2009 年统计数据，福建省胡萝卜播种面积几年稳定在近万公顷，单产呈增加趋势。从而促进总产量不断提高。福建省胡萝卜出口量据 2003—2009 年统计亦呈逐年上升趋势，2008 年出口量达 7.636 万吨，出口金额达 3 670.2 万美元。从这些数据可以看出，福建省胡萝卜种植面积相对稳定，出口量却逐年上升，贸易出口稳步发展。但是近年来由于受到周边国家的生产冲击，出口量有较大明显下降，但由于晋江市具有完善的交通优势，在未来的扩展发展中，结合生鲜与加工的融合发展，贸易出口有望进一步提升，优势依然明显。

5. 政策优势

晋江市委、市政府根据本地发展实际和上级各有关部门有关加快农业产业化发展的精神，先后制定和完善了《关于加快发展现代农业的若干意见》《晋江市级农业产业化龙头企业认定和运行监测管理办法》《晋江市市级农业生产示范基地管理办法》。2007 年以来对农业产业化发展给予本级财政扶持资金 1.1 亿元 t。高度发达的县域工业经济造成农村大量土地闲置，晋江市政府在土地规模集约化方面的努力具有显著成效，2009 年，市政府出台《关于加快农村土地使用权流转的意见》（晋政文［2009］143号），专门成立耕地流转工作机构，制定专项扶持政策，连片种植 20 亩以上，承包期 3年以上，每亩每年补贴 100 元，进一步强化了耕地流转指导服务，促进耕地有序规范流转，促进土地向涉农企业、农民专业合作社、规模场户、种田能手集中。为此，晋江的政策环境对胡萝卜产业的发展具有很大的促进作用。

二、产业挑战

（一）产前问题

1. 品种单一，种子成本不断上升

目前晋江市胡萝卜主要品种为坂田七寸，由于种子技术受日方控制，加上行业经济利益原因，种子生产成本越来越高。在福建省内由厦门国贸种子进出口有限公司，经销商仅有厦门中厦蔬菜种籽有限公司一家。产品的技术垄断加销售垄断双重叠加，将胡萝卜价格越炒越高。以一罐坂田七寸种子（10 万粒）计算，2008 年仅需 5 000~5 600 元，2014 年已飙升至 7 200~8 500 元，2015 年最新价格为 8 200~9 000 元，而且必须搭售其他品种。该品种在实际生产中场户平均可播种 1 666.7m²，每 667m² 种子成本 2014 年已增至 2 800~3 200 元，占种植成本 30% 上，已经严重制约了晋江市胡萝卜产业整体竞争力。

2. 租金高，土地流转难度大

晋江市大力推进规模经营，提高农业规模化效应。但是近年来，随着土地资源日趋紧张，晋江市旱地流转成本由每亩 300 元上升到 800 元，农户随意毁约，随意涨价现象时有发生，且农民普遍不愿长租，一般租期仅为 3~5 年，这阻碍了场户生产积极性，也降低了企业投资设施果蔬、蔬菜初加工等项目的意愿。

3. 信息滞后，缺乏及时有效指导

2008—2014 年的 7 年间，晋江市的胡萝卜种植面积出现了两次爆炸性增长，分别是 2009 年增长 40.9%，2010 年增长 39%。2008 年的胡萝卜价格较高，在较高的生产利益驱使下一些农户迅速扩大了种植面积，没有考虑到 2011 年北方冬季偏暖，市场供应充足情况，这直接导致 2011 年胡萝卜大量滞销，种植场户大面积亏损。2012 年来，种植规模的扩大，胡萝卜产量开始超过市场需求，加上其他地区竞争，产品价格急剧下降。2014 年由于物流、市场等原因，再次出现大量农户收不回成本的现象，极大的损害了农民利益，损害了农民生产积极性。

（二）产中问题

1. 机械化水平低

晋江市胡萝卜种植机械化水平还比较低，在生产中仅仅在土地平整中使用机械，播种方面由于现有国内播种机精确度不够高，无法完全适应地区土质与生产模式，进

口播种机价格贵等原因，胡萝卜播种机使用还比较少。胡萝卜机械化播种能大大提高作业效率、节省费用，增产增收。据测算，采用人工播种，每人每天最大的播种量约为 0.5 亩，以每人每天的雇佣费为 300 元计算，播种 1 亩地的人工成本高达 600 元。而采用机械化播种胡萝卜每天的播种量高达 20 亩。与人工播种相比，机械化播种大大地提高了效率，节省了费用。另外，机械化播种也可节省人工间苗费和种子费，且胡萝卜机械化播种，能够达到播深一致、株距一致等要求，从而保证单位面积的苗株数，使得通风透光性好、胡萝卜个头大，提高产量。据测算，机械化播种产量增幅近 4.1%，每 15 亩增产 2 400kg 左右，胡萝卜价格按 1.60 元/kg 计算，增产效益可达 256元/亩。

2. 标准化范围小

目前，晋江市胡萝卜标准化生产主要是在几个较大型场（户）执行，开展形式也只是场户按照现有无公害国标自行进行适应生产，现有无公害生产面积仅占 2015 年晋江市胡萝卜总面积 13.9%。一家一户的自我生产模式，在种植、施肥、喷药方面基本凭借自我经验实施，缺乏统一的指导和强制标准引导，产中服务环节不足。

3. 服务体系不健全、专业管理人才少

晋江市现有胡萝卜种植场户与工人多为单纯雇用关系，场户与场户之间缺乏交流与合作，场户与有关销售商之间多数停留在口头协定，胡萝卜产前、产中、产后三环节利益联结机制不健全，不能最大限度提高生产效率。截至 2013 年，晋江市拥有产业化组织 269 个，农民专业合作社组织 40 家，但晋江市行业协会和专业合作社综合服务的少，按产、加、销分段脱节设置的多，无法起到高效、统一的推动、协调作用。农业产业化需要现代化的管理人才，现有的规模场户要么只能外聘同安地区技术管理人员，要么直接缺失，晋江市胡萝卜产业化尚处在萌发阶段，很多经营者素质相对不高，管理粗放，缺乏系统有效的培训。

（三）产后问题

1. 缺乏品牌效应

晋江作为品牌之都，一直致力于品牌建设与推广，然而晋江市农业品牌却远不如晋江工业。虽然晋江生产的胡萝卜品相好，商品化率高，但缺少统一或自主品牌，在市场上的知名度低，许多人只知道晋江工业，并不了解晋江农业，作为晋江市种植主要品种，晋江胡萝卜应当受到产地与品牌保护。胡萝卜产业方面，农民基于品牌效应认识不足、素质不高等原因，现有的认证还比较少，普遍没有品牌与相关认证。

2. 缺少深加工企业

福建省胡萝卜生产主要在东南沿海一带，加工企业主要集中在厦门市翔安区，整体规模也较小。晋江市的胡萝卜加工主要还是停留在初级阶段，加工以简单的冷冻和保鲜的初级加工为主，市域内并没有胡萝卜深加工企业，缺乏胡萝卜汁、胡萝卜泥、脱水胡萝卜蔬菜等深加工企业，产品的附加值低，深加工链条不足，农民增收效果不明显。

3. 销售与相关体系欠发达

晋江市现已有的以胡萝卜生产为主业的合作社不足 20 家，且发展情况参差不齐，并普遍存在着运作不规范、专业性差、农民参与程度低、组织松散等问题。产后销售中，农民收入毫无保障，基本依靠外地客商主动上门购买。晋江市现有的胡萝卜包装、运输等企业缺乏，未形成胡萝卜产业相关链条。

第七章　提升区域产业竞争力的作用机理

落后地区以农业为主，发达地区以工业为主，沿海发达地区不能让农业成为经济"短板"，相反，应利用科学技术、人才和资本优势，创新发展城市农业。从国家现代化发展战略上讲，落后地区还处在靠天吃饭的发展阶段，农业经济非常缺乏现代科学技术的支持；而发达地区在大力发展高新技术的时候，漠视发展农业的高新技术，其科学技术和人才优势没有在农业领域发挥作用，这种经济结构呈现明显的"区域产业结构空洞"。从产业发展规律来看，沿海地区科技发达、人才集中、土地资源匮乏，在这些地区应责无旁贷率先发展先进农业，创造知识密集型、技术密集型、人才密集型的"城市农业"经营企业，让科技农业、工业产业型农业、都市农业、城市生态农业、城镇有机农业，成为沿海城市经济结构的核心组成部分，这也有利于沿海城市缓解资源匮乏的压力。

县一级是宏观与微观、工业与农业、城市与乡村的结合部，县域经济是整个国民经济的重要组成部分。发展优势产业既是一个十分重要的理论课题，也是一个非常现实的重大实践问题。如何发展优势产业一方面取决于对县域产业结构变动规律的把握，另一方面要求遵循产业结构选择的一般原则和具体方法，从经济运行操作规范出发，结合县域具体的经济、技术和社会条件，创造性地运用产业结构选择的原则和方法，使优势产业不断优化升级，确保县域经济持续、快速、健康发展。

从世界市场的竞争来看，那些具有国际竞争优势的产品，其产业链内的企业往往是聚集在一起而不是分散的。产业通过在地理空间集聚并且相互联系而形成产业集群，并产生集群效应，这种集群效应既是产业集群形成的内在基础，也是产业集群不断发展和集群竞争力提高的内在动力。产业集群通过增强产业竞争优势进而对区域经济竞争力具有促进效应，能提升整个区域的竞争力；反之，区域竞争力的提升也会给产业集群注入新的活力，提供更广阔的发展空间，带动产业集群的结构调整以及质量的提高，强化了集群的发展。

第一节　合理选择优势产业的标准

"优势"在经济学中有亚当·斯密的"绝对优势"、李嘉图的"相对优势"、俄林的"要素禀赋优势"、迈克尔·波特的"竞争优势"和"核心竞争优势"之别，上述理论范畴的发展，既是学理认知上的不断深化，也反映了市场竞争中区域分工格局的形成动因和机理的发展演变。日常所说的优势，主要是自我感觉的优势或存量优势，在经济学上叫做相对优势；而竞争优势则是靠市场评估而得来的，是市场竞争的结局，这是绝对优势。因此，各县域企业要注意培育构建自身的竞争优势。

对于各县域来说，发挥优势要在特色上做文章。所谓特色是指其产品更能满足多样化的市场需求，实现了相当规模的产业化生产经营，具有相对优势的市场占有率和不可替代市场地位的综合性、交叉性、融合性、边缘性的区域产业群。发展特色主导产业的实质是使县域经济在区域经济分工和满足市场需求方面具有不可替代的属性。因此，各县域应抛弃自成体系，大而全的产业选择思路，以市场需求为导向，从优势中找特色，借特色求发展，坚持"有所为，不所不为""不求其全，但求其特；不求其多，但求其佳"的原则，选择和培育自身的特色优势产业，使县域优势产业真正具有市场竞争优势。

县域经济发展中培育构建特色优势产业，首先涉及优势产业的选择标准问题，根据世界各国在产业演进过程中普遍性的优势和产业选择基准，要结合我国县域经济发展特殊性，合理的县域经济产业的判断基准，至少应包含以下几个方面的内容：

一、动态经济优势标准

有效发挥各县域经济中的动态比较优势，是选择和培育优势产业的重要标准。所谓动态经济优势，包括资源禀赋上的比较优势和企业的竞争优势两个层面。资源禀赋上的比较优势，是指由县域自然资源禀赋和经济、社会资源禀赋所共同形成的有利发展条件。资源禀赋是产业生成的基础，它的空间分布对各县域优势产业的选择和培育有着重要的影响，这突出表现在两个方面：一是影响产品的品质；二是影响产品的成本，进而影响产业的竞争能力。因此，发展县域优势产业，必须依照市场需求对县域资源的数量、质量及社会对其需要的相对量，以及与其他县域的对比状况进行科学的评价，以要素密集度为基础来选择优势产业，以提高产业的竞争力。不同县域按照比较优势原则选择优势产业有两层意思：一是根据各县域提供产品和劳务的相对优势和成绩的相对差别分工；二是根据各县域生产要素供给的相对丰裕程度进行分工。比如，劳动力、资金或技术充裕的县域分别在发展劳动密集型、资本密集型和技术密集型产业方面享有比较利益，就自然资源和社会资源的影响力来说，随着经济的不断增长，社会经济资源的累积规模愈益扩大，以社会经济资源优势为基础进行优势产业选择，将越来越成为县域优势产业选择的重要标准。

二、市场需求的标准

优势产业功能的发挥必须通过市场这一中介才能完成，优势产业的选择只有遵循市场需求的导向，才能具有发展的竞争优势，成为带动县域经济发展的增长点。从产业演进的历史看，市场需求是产业选择和演变的根本动因。因此，一个县域所选定的优势产业及其产品必须在市场上有着持续并不断增长的需求，并在短期内难以出现经济优势成本、价格、功能等优势较强的替代品。一般说来，可以从两个方面进行衡量：一是产值的比较优势系数，即产业的产值在县域国民生产总值中所占的份额；二是收入弹性系数，即某产业产品的产出需求增长对人均国民收入的增加所具有的弹性。显然，是否具备巨大的市场需求是判断主导产业的前提条件之一，主导产业必须具备较高的比较优势系数和收入弹性系数，不尊重市场选择而靠政府计划定点和行政保护扶植起来的所谓优势产业，不可能有真正的竞争优势，终归会在市场竞争中被淘汰掉。值得注意的是，面对市场需求结构加快调整升级的态势以市场需求为基准进行优势产业选择和培育时，不仅要进行现实市场需求分析，更要搞好未来市场需求的预测，使产业既能满足现实需求，取得近期收益，又能通过产业的不断升级，适应市场需求结构的变化，取得持续的竞争优势。

三、产业创新能力标准

优势产业的典型特征之一是具有创新性，即能迅速引入新的生产函数技术创新和新的生产方法的组合制度创新。产业创新能力的大小通常是通过生产率上升率来进行衡量的，所谓生产率上升率是指某一产业的要素生产率与其他产业的要素生产率的比率，一般用综合要素生产率即产出的全部投入要素之比，而非对某一种投入要素之比进行比较，综合要素生产率的上升主要取决于技术进步。所以，按生产率上升率基准选择优势产业，就是要选择技术进步快、技术要素相对密集的产业。

四、产业关联度标准

产业关联度，又称该产业对县域其他产业所产生的波及效应。所谓波及效应，是指其产业的生产活动影响和受影响于其他产业生产活动的程度。某产业通过后向联系影响其他产业的强度，一般叫影响力，可以用影响力系数来衡量。某产业通过前向联系受其他产业的影响程度，一般叫感应度，可以用感应度系数来衡量。影响力系数和感应度系数越大，表明该产业通过投入产业联系对其他产业产生的波及效应越强，由此产生的区域系数作用也就越大。县域优势产业或产业群，应为波及效应和感应效应较大的产业。

综上所述，对各县市域来说，应根据以上选择标准对县域各产业进行分类和排队，然后，再根据国家和地区经济社会发展战略的总目标、特别是国家的产业政策和县域发展政策的要求，具体确定今后一段时期的优势产业。

第二节　农业产业选择的原则和应处理好的关系

一、县域优势产业选择中应坚持的原则

1. 产业结构应当符合市场有效需求趋势

供给结构和需求结构的关系，有两种基本类型：供给决定和需求制导。其中需求制导属于常态类型。由于产业部门的形成和需求的实现往往有或长或短的时差，产业调整战略应当扣准市场需求趋势。市场需求趋势有四种基本形态：扩张、收缩、持平和变革。一般地讲，需求扩张伴随着价格水平上升，需求的收缩和持平会有程度不同的价格下浮，而对突发式需求产品不可避免地会形成高额垄断价格。因此，在收缩、持平状态，必须采取强制性手段加快产业退役。相反，根据突发式需求的产生决定新兴产业的培植，从市场有效需求的边际规模出发，进行产业结构的增量布局。

2. 产业结构重组应当充分考虑经济资源条件和资金约束

自然资源条件、劳动力的文化和技术素养对产业结构变动的适应能力，固定资产技术功能转换的可能性，是能否实现产业结构重组的基本因素，只有将产业发展目标同生产要素的支持能力协调起来，才能有效地进行产业结构调整与转换。

3. 综合经济效益最大化原则

单个产业部门经济效益的最大化并不等于最佳的综合经济效益，过分追求个别部门的最优发展，很可能会影响或损伤整体效益。综合经济效益主要体现于结构性效益，因此，产业发展目标不应当从单一部分增长速度出发，而是要努力寻求结构和总量、效益和速度的统一，并把结构性效益置于首要位置。

4. 功能祸合和相关产业协调原则

"功能祸合"从大的角度讲，就是主导产业、支柱产业和基础产业能够相对应。具

体来说，就是各个产品部门的技术性质形成整体性联系。"相关协调"要求产业结构的"链条"式联系和网络式构造，保持比例均衡，避免"长""短"不齐，实现协调演进。

5. 符合科学技术生长阶段或成熟程度

结构的最佳期限，应当是研制阶段已有基本稳定的技术，在此之前，不适于进行产业开发；最适度下限，是仍有一定生命力的适用技术，而在适用技术落后的临界区，一般不能再存在于产业结构组织范围。对于发展中的县域经济来说，普遍需要一定规模的技术引进。引进技术的主要功能指向是引发本地技术结构的成长和改造关键性技术层次。因此，引进和吸收的最优化县域是先进地区的先进技术同本地的新兴产业和关键产业部门的结合带。

6. 对外开放原则

产业结构的演化是吐故纳新的有序化过程，对外开放能促使经济要素在产业部门间的流动，尤其是接受高技态结构模式的撞击和潜入，从而加速产业更新节奏，实现良性循环。

二、县域优势产业选择中应处理好的关系

调整县域产业结构是一个具有全局性、战略性、长期性的庞大系统工程，包含着矛盾运动的诸多方面的内容。因此，在指导调整产业结构的工作中，必须善于把握和正确处理好以下几个关系：

1. 调整结构与转变观念的关系

调整优化县域产业结构，必须首先转变人的思想观念。要坚决克服狭隘的自然经济意识和落后的小生产观念，树立现代化生产和市场经济观念，确立规模经济、集约结构的观念不仅县域的生产者、经营者要调整优化产业结构，宏观管理部门、服务部门也要参与县域产业结构调整优化的工作。要坚决破除追求自成体系，"大而全""小而全""住进小楼成一统"的自我封闭观念，树立按市场机制优化配置资源、主动参与国内外市场竞争的全局观念和开放意识。

2. 市场导向和行政调控的关系

县域产业结构优化要随着市场和社会需求的变化而进行，使整个社会生产基本适应社会总需求的水平与结构，各个产业的发展更符合市场经济规律，使之能够相互促进、相互协调，做到市场需要什么就生产什么，什么有效益就发展什么。政府和宏观经济管理部门要改变宏观调控乏力的状况，制订相应的产业政策，导向发展市场需求量大、产品关联度高、科技含量多、经济效益好、劳动作用强的产业和产品。服务部

门要主动提前为县域产业结构优化提供准确可靠的宏观指导信息，避免生产上的盲目性，保护生产经营者的积极性。

3. 立足当前与着眼长远的关系

县域产业结构的调整是长期的、绝对的，而结构的稳定则是暂时的、相对的。要从把握未来中解决眼前出现的问题，要为未来的长远发展打基础、创造条件。要从可持续发展上确定产业发展规划。项目的实施要做到起点高，科技含量高，发展前景好。另一方面，要把调整优化县域产业结构作为当前县域转变增长方式的一个紧迫任务，一步一个脚印抓落实，从眼前的事抓起，做到起好步，开好局。

4. 统一布局与因地制宜的关系

产业结构的调整，从某种意义上说也是一种经济利益结构的调整。因此，要强化大局意识，要善于站在全局高度，用战略眼光看问题，要妥善处理局部利益与全局利益的关系，防止出现产业结构趋同现象。要制订科学的生产力布局规划，引导各地从本地优势和特点出发，因地制宜地选择主导产业，巩固传统产业，发展特色产业，形成分工合理、优势互补的县域性产业结构。

5. 调整结构与优化投资的关系

随着产业结构调整，必须优化投资结构。要集中财力对基础工业、特色产业、农产品加工、原材料能源基地建设等进行投入。乡镇工业企业的新增投资应主要用于现有企业技术改造和新产品开发。新上投资项目就应以民营、股份合作为主，形成多元化的投资结构。所投项目要高起点、高效益、低消耗、低污染，避免盲目性，不搞低水平重复建设。

6. 优化结构与消费升级的关系

结构的优化是以拉动需求为前提，在目前要使结构升级，必须实现市场需求升级，市场需求是以扩大消费为前提，只有扩大消费才能拉动需求，促进市场的有效供给，扩大消费又以扩大中等收入的普通人的消费为前提，普通人的重点应以拉动农民的消费为主，农民的消费受着两种因素的制约：一是消费实力；二是消费习惯。要增加农民的消费实力，一方面要千方百计地增加农民收入，特别是现金的收入。另一方面，要积极发展农产品交易市场，减少农村资金的净流出。要培育农民良性的消费习惯，构建新的消费观念。生活习惯是构建新的消费观念的大敌，改变生活习惯不是一朝一夕的事，必须从舆论上积极宣传指导，使农民逐步改变消费习惯，实现消费结构的升级，促进经济的发展。

7. 处理产业、产品和重点结构的调整与产业趋同化矛盾的关系

县（区、市）在调整结构中应注意突出本区域的特色和优势，避免产业趋同，克

服农业生产的低水平重复。

8. 处理县域经济的相对封闭性与市场开放性矛盾的关系

县域特色经济虽然受一定区域条件的限制，有相对的封闭性，但它又必须与全省、全国乃至全世界市场紧密相联，必须注意市场的开放性，注意市场信息，不能盲目发展、孤芳自赏。

9. 处理市（地、州）与县（区、市）的关系

要按照各自的职权和职能，各司其职，不能包办代替，越俎代庖。各地可采取以市带县的办法带动县域特色经济的发展，充分调动县（区、市）的积极性。有的市提出要坚持市带县，不搞市剐县，要藏富于县、放水养鱼，搞活企业，提高经济效益，实践证明是行之有效的。

第三节　合理选择与发展县域优势农业产业

改革开放以来，中央政府将权力下放，计划经济时期形成的以部门管理为主的行政管理模式被打破，形成了以行政区域管理为主的行政管理模式，县级政府管理县域经济的权力大大增强，县域优势产业主要由县政府决定。中、西部多数县域经济较为落后，优势产业还没有形成或竞争力较弱，大部分地区需要自上而下的发展优势产业，政府在优势产业发展中应该比沿海区域付出更多的努力。因为中、西部地区多数县深处内陆，对外来投资缺乏吸引力，并且县域集体、民营经济实力也不强，缺乏投资的积极性和能力，而现在乡镇村政府已经逐步退出竞争性产业投资领域。20世纪80年代和90年代前期依靠乡镇企业发展农村非农经济的时代已经不复存在。多数地区很难形成如沿海许多市县外来投资、本地乡镇投资和民营投资活跃的局面，因此，县域来自于本地民间的投资力量逐渐变弱，县级政府要摸清区域优势，以此为基础，制定县域产业发展战略，推动县域经济发展。也就是说，县级政府对区域产业发展的作用更大，相应地也将负更大的责任。为了提升县域经济，县级政府应首先抓县域优势产业的发展，以优势产业的发展带动其他相关产业的发展。发展优势产业应采取以下对策。

一、县域发展优势产业要做到县级决策科学化

县级决策是县级决策者对县域经济社会发展作出的选择与决定。首先，县级决策是多目标的决策，它涉及经济发展、科技进步、对外开放、卫生教育、社会治安、自然生态等各个方面的要求和目标，涉及经济社会的发展速度、比例、效益等。其次，县级决策是区域性决策，要处理好上下左右各方面的关系，既要考虑县域经济社会发

展的合理性，还要考虑与宏观决策的关联。

县域经济社会在地域上是一个综合性的有机整体，县域范围的每个部门和每个生产环节都是这个有机整体的组成部分，因此，要在合理地利用县域内自然资源、劳动力资源条件的基础上，使县域内各个部门和各种生产要素之间保持密切的联系，使再生产过程的各个环节在地域上合理结合起来。县域经济社会的发展，要从形成和建立县域经济有机体的要求出发，对县域内的自然、经济、社会和其他资源作综合考察，对开发利用这些资源的效益及可行性作综合评价，对县域经济社会发展的各个方面进行综合平衡，抓住带有全局性的问题进行科学决策。决策的正确、科学与否，对县域经济社会的发展起着重要作用。

政府要做好信息服务工作。市场经济条件下，政府要转变职能，其中一个重要方面就是要做好信息服务工作。这中间包括两个方面，一方面是上级政府为下级政府提供信息服务，为下级政府提供全省、全国乃至全世界市场经济发展的信息，提供市场变化的规律性信息，提供与市场发展变化相关的改革、法规、科技发展信息，这样就可以帮助下级政府及时分析市场发展变化，作出经济发展决策或调整、修正决策。因为越是到基层，地方的工作就越具体，他们往往陷于具体事务中难以脱身，也就很难有精力去全面采集各方面的市场变化信息。而且，由于人才条件、视野范围、信息来源等方面的限制，我们也很难从各种零散信息中去分析、研究市场发展变化的规律。而这一点正好又是上级政府的优势，越是高一级的政府，这种优势越明显。上级政府利用自己的优势，既有效地实现了自己的职能，又给了下级政府很好帮助，使他们信息灵、决策准，地方经济的发展也会减少很多不必要的损失，另一方面，政府要加强对企业对社会的信息服务工作。市场经济条件下，地方经济的发展，地方特色经济的培育，大多是企业和老百姓在从事具体的生产经营，信息来源渠道不通，也由于信息观念淡漠，不少企业不善于采集信息，更不要说分散的农户了。因此，不少的企业和农户从事的市场经济活动往往带有很大的盲目性。这在很大程度上影响了地方特色经济培育的科学性，解决这个问题的最好办法就是加强政府对企业和农户的信息服务工作。有的县市、区组织宣讲组下乡，组织农村干部下村宣传，利用电视、广播搞好信息传播，有的还采用印发小册子等办法，将信息服务与发展经济的具体指导结合起来，收到了很好的效果，目前，这种信息服务的层次还不够深入，从时效性讲，还不够及时，信息服务内容的局面还不够宽，这很有必要进一步研究做好政府信息服务工作的方法和手段。把这个工作做好了，政府对地方经济发展的指导也就更深入、更实在了。

1. 认识县域优势，做好县域优势产业规划

在这里认清县域优势特别重要，特别是优势要通过与全国、周边地区比较，看优势的等级，是国家级还是省级，优势是有绝对性还是具有相对性。应首先利用优势来发展县域优势产业。因此，要优中选优，在比较优势度的同时，还要比较优势的利用条件，有的优势度不是很高，但由于利用条件较好，因此可以优先开发。在优势确立之后，应该规划优势的利用，以优势为基础规划县域支柱产业。

2. 制定扶持优势产业发展的战略

主要采用这几种方式实现优势产业的发展。一是优势产业的投资。主要吸引外来企业投资成为县域发展优势产业的主要途径。二是企业发展模式战略，主要看采用大企业发展模式还是以中小企业发展模式。不同的企业模式，要采用不同的发展对策。

3. 制定优势产业发展优惠政策

这种情况主要是针对中小企业发展模式，主要以利用外来投资开发优势时特别需要。优惠政策主要为外来投资创造良好的投资软环境，吸引更多的企业投资于地区优势产业。优惠政策十分广泛，包括金融、税收、财政、用人、土地、资源利用、政府服务等。随着国家投资西部大开发基础设施建设，以及各地对基础设施建设的重视，投资硬环境对投资的障碍日益变小，而投资软环境对区域投资的障碍则相对变大，有的地区成为了主要障碍。特别是缺乏规范的政府服务日益成为市县地区发展招商引资的重大障碍。因为市县的市场经济发展不充分，政府服务也未规范化，不能适应市场经济。政府服务存在较大的随意性和不规范性，甚至存在较多的"吃、拿、卡、要"和腐败行为，对县域地区投资环境建设有较大的负面影响。

二、县域优势产业发展必须抓住相关重要环节

县域发展优势产业是一项紧迫而又复杂的系统工程。这里的关键就是要准确把握当前和未来国际国内经济发展趋势，结合本地实际，抓住重要环节。

一要根据国际国内科技发展和产业转换趋势，着力扶持和培育高新技术产业。未来世界国与国的竞争，地区与地区的竞争，关键就是科技的竞争。县域产业结构调整首先必须注重这一点。要充分吸收、运用现代科技来培育和发展高新技术产业，改造提升传统产业。

二要根据国际国内经济发展集团化的趋势，积极引导企业走联合、集聚的道路。温州，包括平阳县在内，过去的经济发展主要是靠"船小好掉头"的灵活机制。但随着当前国际国内大批跨国公司、集团公司的崛起，原有的优势正在逐步弱化。必须要有县域经济的"航空母舰"，至少也应该有"驱逐舰"。否则，就难以抵御市场竞争的大风大浪的考验。就是要鼓励那些分散、零星的企业向"工业产业园区"集聚，鼓励

他们联合逐步向集团化方向发展。

三要根据国际国内经济一体化的要求，大力发展开放型经济。世界经济全球化趋势和国内统一大市场的形成，特别是我国已经加入 WTO，所有这些，都对县域经济提出了更高的要求。我们必须立足本地，瞄准国内，放眼世界，大力发展开放型经济。促进县域范围内的开放型经济和产业结构再上一个新的台阶。

四要根据国际国内经济发展区域化特点，进一步巩固发展县域特色产业。区域化、特色化是经济发展的生命力所在。没有特色就没有活力。尤其是对于县域经济来说，产业是否具有自身特色更加显得重要。虽然我们在产业规模和高新技术方面，一时难以同发达国家和大中城市相提并论，但可以在自身特色方面充分发挥优势。应该说，各县都有自己的特色。应该在"独"和"特"两个字上做好文章，大力发展县域的特色产业。

五要根据国际国内文化消费市场变化，大力发展县域文化消费产业。随着社会经济的迅速发展，人们除了高质量的物质生活需求外，越来越迫切地需要高质量的文化精神生活消费。对此，应该树立一种崭新的产业观。要真正把文化（其中包括娱乐、教育、旅游、服务等行业）作为新兴产业来抓，使其在国民经济中所占的比重不断得到提升。

三、实现优势资源向优势产业的转化

资源优势毕竟只是一种潜在的优势，要使这种潜在的优势真正转化为现实的经济优势，关键是不断培育和创造企业的竞争优势。所谓企业竞争优势是指企业在产业规模、组织结构、劳动效率、品牌信誉、产品开发及管理等方面所具有的各种有利条件，它是企业竞争力形成的基础和前提条件。在当前市场竞争日趋激烈的情况下，只有使企业的竞争实力增强，才能为资源优势地区的优势产业在未来的市场竞争中获得较大的控制和优势地位提供重要保障。实践证明，如果一个地区的某一个产业，有一批企业在国内市场竞争中处于优势或有利地位，那么该产业在全国就具有较大的竞争优势。相反，如果一个地区具有发展某一产业的资源优势，但缺乏微观层次的企业竞争优势，那么，这种潜在的资源优势就很难转化为现实的产业优势。

由此可见，县域优势产业的选择必须是有利于凝聚、融合、吸收区域内的优势资源，从而能够迅速提高市场竞争力，确立优势市场地位的产业领域。当前，一些县在优势产业选择培育战略上存在脱离自身优势，片面强调发展高新技术产业的危险倾向，把产业结构尤其是优势产业的差异视为经济发达与落后之间的根本差别，好像不搞几个高科技项目，就算不上发展经济。这种不顾自己比较优势的做法，其结果只能是欲速不达。那些以"拔苗助长"方式"升级"的产业和产品，只会因缺乏竞争力而陷入困境，遭致市场淘汰。事实上，一个县域能否培育出有竞争力的优势产业，在很大程度上取决于自己要素禀赋上的比较优势，忽视了比较优势，产业结构层次再高也没有竞争力。因此，如果落后地区能遵循自己的比较优势进行产业定位，并不断从可变要素禀赋的比较优势，实现产业结构升级，这样虽然不能在短期内登上世界产业结构顶峰，但却更稳健，更有效。我们讲产业结构优化升级，本来就对发挥县域比较优势提出了双重要求，"优化"主要着眼于发挥现有的比较优势，"升级"则着眼于培育新的更高层次的比较优势。相反，如果忽视了比较优势，产业就会缺乏竞争力，经济就会停滞。产业结构应当伴随着要素禀赋比较优势的变化来升级、优化，这样的产业才会有竞争力。

四、合理确定县域优势产业的方法和指标体系

根据发展趋势，评价和测度指标必须符合综合性、动态性和基础数据易获得性的原则。所谓综合性，就是指必须用多个指标组成一个综合指标来确定优势产业，既要包含供给因素又要包含需求因素；既要包含自然因素又要包含人文因素；既要包含数量因素又要包含质量因素。所谓动态性，就是指指标中必须包括反映发展趋势的因素，避免仅对现状的静态描述。所谓基础数据易获得性，就是指计算所须的基础数据应大多是统计年鉴上能够获取的。另外，确定一个地区比较优势的时候，并非用定量方法能涵盖所有的影响因素，有时还必须与定性分析结合起来。

五、县域优势产业选择中的配套性分析

县域优势产业应因地制宜选择。在不同的县域应把食品加工、机械、有特色的轻工业、旅游业、医药业、纺织业、水果业、畜牧业作为优势产业。县域优势产业选择中要把县域关联产业与基础性产业配套。县域关联产业的配套就是根据一定的优势产业来合理规划、促进其相关产业的发展，从而使优势产业与关联产业之间形成紧密的相互联系和相互促进的发展关系。

关联产业要从五个方面考虑与优势产业的配套。一是要以所选出的优势产业为核心，根据优势产业发展所衍生出的与其他产业之间的经济技术联系和县域的具体情况，来选择各个关联产业，为优势产业发展提供保障。二是以优势产业发展为起点，尽量延长产业链条，提高资源的利用效率。三是在优势产业发展规模确定之后，积极利用市场机制，引导关联产业以适度的规模发展。四是根据优势产业的空间布局状况，合理布局关联产业，保证优势产业与关联产业在空间上的合理布局，以获得集聚效益。

五是在自愿、互利的前提下，促进关联产业与优势产业之间建立起较紧密的企业组织联系，避免关联产业之间的重复建设、过度竞争，保障县域经济顺利发展。当然，并不是所有的关联产业都要在县域内发展，本县域没有条件发展的关联产业，可以通过县域之间合作的方式来发展。

发展基础性产业是优势产业和关联产业发展的重要保障，所以，基础性产业的配套要根据优势产业及关联产业发展的需要，尽量为优势产业和关联产业创造良好的外部环境。同时，基础性产业的发展，还要为其他产业、为社会发展和人民生活服务，所以，对基础性产业的发展要更多地依靠市场机制的调节，让其按照市场的要求合理发展，并给予更多的鼓励和保护。

六、发展知识经济推进县域优势产业优化升级

一是提高认识，抓住机遇。过去我们失去了几次产业升级的机会，迄今为止，县域经济实力也还停留在以第一产业为基础的水平上，知识经济的出现，无疑是又一次世界性的产业升级机遇。我们要创新环境，加强引导，完善支持条件，培育以创新求发展的风气，全力支持与知识经济相关产业的快速成长。

二是加快县域各主要产业领域的科技知识进步。随着改革开放的深入，生产关系的调整和完善为生产力的解放和发展提供了广阔的空间，今后的主要问题是如何尽快提高县域生产水平，特别是生产技术水平，尽快提高技术含量和档次，告别落后的低级的生产方式。首先，人口压力与经济增长迫切需要我们开展新的农业科技革命，在品种、耕作、病虫害防治、水土资源保护和利用、农产品深加工等一系列环节上实现技术的飞跃。启动农业科技信息化进程，科学技术在一些县的经济结构中未能充分发挥作用的首要原因，就是科技信息跟不上；注重以农村科技创新为核心的农科革命。要建立农技推广普及利益机制，重点发挥好科技型企业、龙头企业和农业科技中介组织的作用，带动农民采用新技术；实行科研与引进并举的方针，加大农业科技引进步伐和力度，对科技发展相对滞后的县域经济来讲，具有突出的现实作用。其次，要加快县域工业，特别是中小企业的科技进步，提高市场竞争力和经济实力。不断壮大以中小企业为主体的县域工业是县域经济发展的基础，而这些企业的成功是靠市场份额来衡量的。在统一的大市场形成之后，企业的成功、市场的成功和开发的成功都是靠科技进步和劳动者素质的提高来实现的。只有强化科技与经济结合的纽带，完善县域的创新方针，特别是加强企业的研发机构和技术服务体系建设，促使企业成为产品和技术开发的主体，县域工业才能大有作为。此外，还需要特别加强第三产业的科技进步。因为县域未来吸纳就业的主要领域在于第三产业，而未来第三产业的快速增长将

是推动县域经济发展的主导力量。特别是基于新的电子、网络和信息技术手段的服务业将是县域经济发展的新增长点。提前做好准备，发展第三产业，既能为县域居民创造就业和致富机会，又能促进县域经济效益提高。

三是重视人力资本，提高劳动者素质。人口多、文化素质差是我国县域的一个特点，而巨大的人口基数中又有相当多的人在从事低级的甚至是原始的生产，这是县域经济发展面临的真正压力。伴随着知识经济的来临，一个更显著的特点是知识型劳动者从后台走向前台，成为决定生产和管理运作的主体，人力资本或知识积累已成为改变经济系统产出的显著变量。这主要表现在：白领人员的数量早已超过蓝领人员的数量，并且在白领阶层内正在产生更复杂的分工；产业主体的素质要求越来越高，个人的知识水平决定着就业起点和收入，个人的知识结构决定着就业方向，个人的知识积累决定着工作中的进步；高附加值向高新技术产业或智力密集型产业转移。所以，知识不仅仅是力量，更是机会知识；不仅仅是可兑现的资本，更是新财富的来源。因此，造就知识经济必须从价值的源头做起。面向市场、面向产业结构调整、面向经济的全球化，一个能主动应变的、能响应创新潮流的"教育+培训"的网络体系，是提供合格劳动者的必要条件。只有给劳动者以新的知识和技能，创造和完善机会均等环境，才能为劳动者打开通向知识经济的大门。

第四节　区域基础竞争力的提升作用研究

产业集群这种特殊的经济组织实体有其不同于企业和市场的特征。产业集群利用市场机制来整合集群内部的资源，建立共同遵守的行为规范和准则，协调统一企业与集群的目标与行为，促进企业间的相互交流与信任，达到降低产业集群内部的交易成本，最大化产业集群效率的优势水平。这是产业集群作为介于市场和企业之间的第三种资源配置形式，与生俱来的能力是组成产业集群实体的企业共同的理性行为的表现。正是这些能力和表现，使产业集群具有了自身特殊的竞争力，进而由产业竞争力增强传导至区域竞争力的提升。

一、协同性对区域基础竞争力的提升作用

一方面，处于相同的产业链的集群企业之间的竞争加剧，为提高自己的竞争力，企业在享有集群优势的基础上，不断进行技术、管理、组织制度等创新，有效地促进了生产技术和管理技术的发展。由于集群具有技术创新的溢出效应，新的技术成果迅速传播，促使集群整体的科学技术发挥。科学技术竞争力是区域基础竞争力的三大构

成要素，因此说产业集群协同性提升了区域竞争力。

另一方面，产业集群协同性最大益处在于集群内的企业之间形成良好的生产互补和协作，实现相互促进的作用，大量的中小企业能在高效的网络化互动和合作中得到快速发展，克服其单个企业无法摆脱的劣势。由此吸引优秀企业家来该区域投资办厂，降低了创业风险。同时，吸引了具有专业技能的员工来集群企业发展。这样集群内的人力资本大大增强。同样人力竞争力是区域基础竞争力的三大构成要素，因此说产业集群协同性提升了区域竞争力。

二、开放性对区域基础竞争力的提升作用

产业集群的形成和发展始终是在开放环境下进行的，不仅体现在产业集群内部企业之间的交流，产业集群与集群外部系统之间也存在着物质、技术、能量和信息的交流。正是不断与外界交流的动态变化发展，才使产业集群具有了更多的生机与活力，产业集群与区域基础竞争力之间形成密切的相互促进作用。

集群的开放性直接体现在与政府之间的关系上。产业集群外部的政府在产业集群的发展中担当了重要的角色。政府最重要的作用是为集群的发展提供基础设施，不仅包括物质基础设施，还包括信息平台和集群赖以发展的集群宏观环境。政府为企业的发展提供了良好的平台。一般政府首先会大量投资于物质基础设施建设，改善交通运输条件，改善生态环境等硬环境上。在集群发展一定阶段后，政府大量的投资转向软环境建设，如信息服务建设、集群文化建设、人才优惠政策、金融法律建设、支持中介服务组织建设等，进而促进集群的升级，实现跨越式大发展。无论硬环境还是软环境改善，都将增强区域基础设施竞争力的提高。基础设施竞争力是区域基础竞争力的核心。因此，集群的开放性保证集群与外界的物质、信息交流，更促进了区域基础设施竞争力的提高，进而提升了区域竞争力。

三、网络化对区域基础竞争力的提升作用

产业集群的网络化组织特点使集群内大量的企业紧密地联系在一起，形成一个有机的统一体，是集群发展的脉络。集群的网络效应使得集群科学技术的创新具有显著的外溢性，比一般环境下技术外部性更显著，有利于区域科学技术的快速发展，提升了区域科学技术竞争力，进而间接地促进了区域基础竞争力的提升。

产业集群的网络化使大量的中小企业共享了由集群带来的基础设施好处，进而提高了区域基础设施的利用效率。政府也更易于将基础设施建设在利用效率高的区域。这样就形成了良性循环，即集群提高了基础设施的利用效率，政府增加基础设

施的投资，基础设施不断得到改善，这样又促进集群的发展，集群的发展进一步又促使政府改善基础设施建设。产业集群的网络化减少了人才就业风险，并增强了就业的信息，促使人才易于向集群区域集中，因而，有利于区域人力资本竞争力的提升。

可见，产业集群的网络效应对区域基础竞争力的三个方面都有促进作用，有效地促进了区域整体基础竞争力的提升。

四、根植性对区域基础竞争力的提升作用

产业集群的根植性效用是集群形成的基础，也是集群企业不断取得竞争优势的根基，是集群赖以生存的软条件。上述关于集群网络效应的分析，正是建立在集群的社会文化根植性基础之上的。产业集群的根植性是的网络型结构能够稳定下来，靠社会文化软约束保证的集群内企业的相互密切联系。

为促进集群的健康发展，政府在集群形成、发展过程中，会打造集群所需要的文化氛围，在软环境建设上加大对集群的支持。这样，促进了区域基础设施建设。因此，产业集群的根植性效用一方面保证集群本身的健康发展，也间接地提升了区域基础设施竞争力的提升，进而提升了区域基础竞争力。

第五节　区域核心竞争力的提升作用研究

从上述关于产业集群内企业集聚会产生的资源整合效应、规模经济效应、技术创新效应、成本节约效应及市场竞争效应来看，企业集聚于一定的区域而产生集聚效应既是产业集群存在的基础，也是产业集群不断完善的推动力，从而提高了该地区或该产业的竞争力。产业集群之所以能够提升其所在区域的竞争力的关键因素就在于产业集群能够聚合企业并发挥出企业整体竞争实力。

一、资源整合效应对区域核心竞争力的提升作用

相对于集群外部的企业，集群内的企业能够更有效率地得到供应商的服务、能够招聘到符合要求的员工、及时得到所需要的信息、比较容易地获得配套的产品和服务。集聚效应产生的这种资源整合竞争优势主要体现在获取资源、配置资源、利用资源等几个方面。

在获取资源方面，产业集群集聚效应决定了其对集群所需资源具有强烈的吸引力。集聚效应会聚合越来越多的企业参与集群的生产，巨大的生产需求产生强大的吸引力，

越聚越多的企业强烈地吸引着更多的资源不断地涌入产业集群，产业集群获取的资源越来越多，产业集群获得了充足的资源，提高的产业竞争力。在配置资源方面，集群内企业在竞争不断地在各方面改进技术，提高资源的利用效率，节约成本，促进了资源合理的优化配置，提高了资源的配置效率。在利用资源方面，内部企业密切相连的关系和生产互补性，由于交易费用极低，企业可以资源互相的利用，节约了资源库存、采购的成本。

可见，集群的资源整合效应提高的资源的配置效率和利用率，节约企业生产成本，提高了产业整体的竞争力，也增强了企业经济实力，促进区域经济实力的提高。而区域经济实力竞争力和产业竞争力正是区域核心竞争的载体。因此，集群的资源整合效应提升了区域核心竞争力。

二、规模经济效应对区域核心竞争力的提升作用

聚集内的企业由于集群而享有规模经济的好处，不仅有来自企业内部的规模经济，也有来自企业所在集群的规模经济。企业处于一定的内部，充分地利用集群的好处快速实现规模的扩大，享受自己规模经济。同时，集群由于其自身的竞争优势不断发展壮大，实现整体规模的扩大，集群内所有企业都享受这种好处。

显然，规模经济增强了集群企业单个的经济实力，集群所有企业的经济实力增强的结果是增强了集群整体的经济实力。区域产业集群经济实力的增强，必然增强了产业竞争力和区域经济竞争力。区域经济实力和区域产业竞争力构成了地区核心竞争力，因此，集群企业的规模经济效应提升地区核心竞争力。

三、技术创新效应对区域核心竞争力的提升作用

产业集群具有技术创新的良好条件。集群内企业在内部竞争压力下为取得更好的竞争优势不断地进行技术创新，集群网络效应降低了企业技术创新的成本进而为企业活动提供了便利条件，集群促进了知识和技术的传播和应用，从而提高了企业的创新能力，还为企业技术创新提供了良好的氛围。

技术创新是集群发展的关键要素，正是由于集群的技术创新效应，增强了集群企业的核心竞争，进一步提升了企业的市场竞争力，增强了经济实力。正如集群的规模经济一样，集群所有企业的经济实力增强的结果是增强了集群整体的经济实力。区域产业集群经济实力的增强，必然增强的产业竞争力和区域经济竞争力。区域经济实力和区域产业竞争力构成了地区核心竞争力，因此，产业集群的技术创新提升地区核心竞争力。

四、成本节约效应对区域核心竞争力的提升作用

产业集群的成本节约效应是一个综合的过程，可以减低集群内企业的生产成本、销售成本和交易成本，最终实现成本的节约，增强企业经济实力。在降低了集群内企业的生产成本方面，集聚效应使生产成本由于集群的网络效益、外部效益等影响下大大低于其他区域产业集群能够吸引大量优秀人才集聚，降低集群企业搜寻、雇用人才的成本。产业集聚的规模效应还能够吸引政府和其他公共机构，使企业能以较低的成本从政府及其他公共机构获得公共物品或服务。同时，产业集群凭借着群体力量，利用群体效应，形成区域品牌效应，为区内的所有企业所享受，降低销售成本。集群内部大量频繁的内部交易，降低了集群内企业的交易成本。

企业成本降低的另一方面是竞争力的增强。成本和利润是企业利润核算的两大方面，企业成本的减少，必然对应着企业利润的增加，提高了区域竞争力。当集群内所用的企业竞争力增强时，集群整体的竞争力的得到的增强。这样，区域产业集群经济实力的增强，必然增强的产业竞争力和区域经济竞争力。区域经济实力和区域产业竞争力构成了地区核心竞争力。因此，产业集群的成本节约效应提升地区核心竞争力。

五、市场竞争效应对区域核心竞争力的提升作用

在集群内部，产业集群的市场竞争效应使得集群内部企业协作中竞争，竞争的结果是增强了所有企业的实力，并促使企业在更高水平上持续不断竞争，从而提高产业集群整体竞争力，是集群发展的不竭动力，促进了集群的发展和壮大，进而促进了产业竞争力的提升。

在集群外部，集群有利于提高企业的市场竞价能力。作为市场的买方，群内企业作为整体实现了大批量购买，并能获得较充分的信心，能够掌控市场价格作为市场的卖方，集群内产品具有区位品牌优势、产品差异化程度高等优势，提高了作为卖方的市场地位。

另外，集群的网络效益和文化根植效用等自身特征效应促使了集群内部交易良性运作，增加了市场的透明度，促进企业形成良好的市场经营理念。如塑造了诚实守信，注重信誉，为市场信息搜寻和契约的履行奠定良好的基础。因而，产业集群市场竞争效应无论在集群内部还是在其外部，都显著地增强了集群内企业的市场竞争力，还有利于建立良好的市场经营理念。所有集群内企业市场竞争力的增强，必然增强集群整体的竞争力，区域产业集群经济实力的增强，必然增强的产业竞争力和区域经济竞争力。因此，产业集群的市场竞争效应提升地区核心竞争力。

第八章　晋江市胡萝卜产业提升的背景和思路

第一节　指导思想与战略定位

一、指导思想

坚持以邓小平理论和"三个代表"重要思想为指导，深入贯彻落实科学发展观和党的"十八大"精神，坚持经济、生态和社会和谐的发展观念，按照"四化"同步推进的总体要求，大力实施多方互动、统筹城乡总体战略，以提升产业竞争力、优化区域生态环境和维护良好社会状况为目标，围绕农业生产、生态和生活功能，通过转观念、调政策、改机制等方式拓展农业发展空间，以保障农产品有效供给、促进农民持续稳定增收和调节农村生态环境为目标，加快转变农业发展方式，坚持用现代物质条件装备农业，用现代科学技术改造农业，用现代产业体系提升农业，用现代经营形式推进农业，用现代发展理念引领农业，用培养新型农民发展农业，加快形成晋江现代农业区域化、规模化、专业化和生态化的生产格局，不断提升胡萝卜产业的加工增值能力、市场竞争能力和可持续发展能力，促进晋江现代农业核心竞争力转型升级，推动全市农业农村经济、社会、环境协调发展。

二、发展原则

●坚持科学规划、高效生态、同步发展。立足晋江区域自然资源条件优势和胡萝卜产业特色，按照现代农业高产、优质、高效、生态、安全的总体要求，高起点、高标准谋划发展格局，促进产业布局优化，构建都市型现代农业产业体系，促进工业化、信息化、城镇化、农业现代化同步发展。

●坚持更新理念、创新驱动、转型发展。以晋江工业化发展模式的理念谋划农业，引入工业园区建设模式，以理念、科技、机制和体制创新为动力，增强自主发展能力，加快实现传统农业向多功能、集约农业转变，城郊型农业向都市型现代化农业转变。

●坚持生产基础、三产融合、多元创意。围绕社会增绿、农民增收、市民增乐的要求，着力打造以生产基础性、三产融合性、多元创意性三位一体的现代胡萝卜农业园区，突出高效产业培植，发挥晋江特色，丰富胡萝卜产业建设内容，分级分类建设，又好又快推进。

●坚持分类指导、重点突破、梯次推进。依据资源优势、产业方向、带动能力和发展层次等，因地制宜地采取有选择、有步骤、差别化的扶持政策，重点优先支持农业产业示范园和新型农业经营主体，加快提升胡萝卜产业现代化水平。

●坚持政府支持、市场主体、集约建设。优化政府强农惠农政策环境，激发市场主体的积极性，充分尊重农民意愿，鼓励发展农村种植大户、家庭农场、专业合作社、农业企业，推动农业的集约化、专业化、组织化。

●坚持质量保障、品牌建设、文化融合。围绕晋江市有利的产业条件，强化产品质量安全第一，实现产量、质量和效益的同一。通过质量保障加快品牌化建设，将特有的产业文化和区域文化融入产业发展中，提高产业的外延。

三、战略定位

晋江是一个民营企业发达，县域经济良好的区域。农业在区域内具有提供丰富农产品的需求，也有改善环境条件的诉求。因此，提升晋江市胡萝卜特色产业的战略定位包含经济功能和非经济功能两方面。

1. 经济功能定位

一是利用现代工业、科技装备和资金扶持，大幅度地提高农业生产力水平，降低胡萝卜生产的成本，提高胡萝卜种植的产量和质量；二是加强产业服务体系建设，重点提升本地胡萝卜在加工、市场营销能力及种子供应等方面的服务，促进胡萝卜第一、二、三产业的融合发展，达到促进农民增收与农业增效的目标。

2. 非经济功能定位

主要包括社会功能与生态功能。

（1）社会功能。根据晋江产业发展的分布和人居分布特征，为居民提供近距离接触自然、体验农业生产及观光、休闲的场所与机会，借此增强人们对现代农业文化内涵的认识，并通过胡萝卜产业的教育示范辐射功能，改善城乡关系，促进胡萝卜产业的可持续发展，最终增加社会福利总水平。

（2）非生态功能。农业作为绿色产业，是城镇生态系统重要组成部分。通过营造胡萝卜产业景色宜人的生态景观，用以改善自然环境、维护生态平衡、提高生活环境质量、充当城镇的绿化隔离带、防治环境污染，抵御自然灾害等。

总之，晋江市胡萝卜产业提升的战略定位是既要发展好本省产业经济功能的提升，也要增加产业对环境、文化、景观的非经济功能的打造，形成规模化种植、标准化生产、品牌化销售、专业化服务、产业化经营，产业加工增值能力强，产业文化建设的优质健康、生态环保、竞争力强、持续发展的现代型胡萝卜产业，使晋江胡萝卜产业达到促进农民增收、农业增效、农村增绿。最终将晋江市打造成"胡萝卜之乡"。

第二节　晋江市胡萝卜发展的战略目标

一、总体目标

以完善产业链、保护生态、增加经济效益和田园景观融为一体为目标。一方面利用晋江市区位等优势和相对较为完善的食品加工企业，逐步形成从胡萝卜产前（包括种子、农资和土地流转等）到产中（种植规模、种植技术等）再到产后（保鲜、加工、销售、市场、品牌、文化、创意等）的完善产业体系。引领和推导南方以致全国胡萝卜产业体系领头羊。二是基于对宏观背景的判断及对晋江现状特征和优势条件的认知，打造"美丽田野、绿色晋江"。通过打造"美丽田野"，构筑生态高地、提升城市品质，彰显城市魅力。以提升城市功能的重要支撑，统筹市域生态环境保护和探索晋江新发展模式。实现"美丽田野、绿色晋江"，给自然留下更多修复空间、给农业留下更多良田、给子孙后代留下天蓝、地绿、水净的美好家园、给市民创造休闲游乐的好去处。

二、经济功能目标

（一）产前

1. 种子

到 2020 年，通过品种试种和科研共建，能够研发和改良出 1~2 个（除坂田七寸316）比较适合晋江市种植的胡萝卜品种，以解决在种子方面一直受控于单品种供应商的垄断情形。到 2025 年，能够共建研发出 1~2 个具有自主专利，在外形和品质优于坂田七寸，适合晋江市及其周边地区种植的胡萝卜品种。

2. 农资

到 2018 年，成立农资专业合作社，针对目前的土壤状况进行针对性的检验和分析，提出土壤的酸碱度状况，以及应该采取的方法和肥料；到 2020 年，完成针对胡萝卜的农药安全使用标准和使用方法的推广，使胡萝卜产业做到安全放心产品。

3. 土地流转

到 2020 年，能够对胡萝卜种植区域的土地进行 80% 以上的规模化流转，到 2025 年，实现 95% 以上的土地进行规模化流转，促进种植规模化、生产标准化。

（二）产中

1. 种植面积

到 2020 年，晋江市全市胡萝卜种植面积稳定保持在 6 万~8 万亩；到 2025 年，全市种植面积适当扩大到 10 万亩以上，以及带动周边县市形成胡萝卜产业集群种植。

2. 栽培技术

到 2020 年，晋江市胡萝卜种植基本实现机械化种植和采收，并全面实行水肥一体化种植，确保农资的浪费以及对环境的污染；到 2025 年，全面实行机械化种植。

（三）产后

1. 加工

到 2018 年，能够引导部分食品企业开发 2~3 个胡萝卜初加工产品（包括鲜切胡萝卜、优质胡萝卜干品、胡萝卜粒、胡萝卜营养粉和低糖胡萝卜果脯）；到 2020 年，能够引导部分食品企业开发 2~3 个胡萝卜深加工产品（胡萝卜浓缩汁、胡萝卜汁饮料、胡萝卜即食脆片、胡萝卜乳酸菌发酵饮料、胡萝卜主食产品、胡萝卜即食休闲食品等）；到 2025 年，能够引导最少 1 家食品企业开发胡萝卜精加工产品（β-胡萝卜素提取与精粉制备、β-胡萝卜素软胶囊、胡萝卜功能营养咀嚼片、胡萝卜营养泡腾片、β-胡萝卜素化妆品）。

2. 冷藏保鲜

到 2018 年，胡萝卜冷藏保鲜库能够比目前增加一倍，且相对比较集中靠近综合服务市场，形成产业资源共享，提高资源利用效率；到 2025 年，保鲜冷库基本能够实现够用。

3. 贸易与销售

到 2018 年，在晋江市建成福建省南部生鲜产品综合服务市场，形成线上与线下共同推进的胡萝卜销售渠道；到 2020 年，建立晋江胡萝卜地理标志品牌，形成 3~5 个的胡萝卜全国品牌。

三、非经济功能目标

1. 生态：保护生态底线与提升生态功能

一要延续种植片区生态优势。种植片区是市区生态重点区域，区域及其周边包含了大量的基本农田、水源保护区、主要河流水库、自然保护区等，对全市生态空间格局起着极为重要的作用，二要力求保护种植区内现状的主要生态空间，延续重点片区的生态优势。

2. 景观：构建产村景融合的景观风貌

根据各片区现状景观要素构成及主要存在的问题，针对每一类要素具体在片区中的位置、景观特征，引导包括景观界面、景观视廊、景观缓冲区三个关系，控制各要素之间的风貌协调和对景关系，从全局的角度把控和保证片区整体风貌"面"的形成。

第三节　晋江市胡萝卜产业发展的趋势

一、产业发展的趋势

近年来，随着生活水平的提高，生活质量的改善，人们更注重膳食结构的合理，食物营养的配比，胡萝卜作为健康、环保、绿色蔬菜，越来越受到人们的喜爱和欢迎。人们不但要求品质佳、适口性好，而且要求品种多样，适合不同的季节食用。因此胡萝卜生产呈现以下变化趋势。

1. 胡萝卜品种多样化

胡萝卜既可以生食、熟食、又可以深加工，制成果汁、罐头等。由于用途不同，对胡萝卜需求也不一样。鲜食品种侧重外观品质和风味品质，要求胡萝卜根的形状匀称、色泽亮丽、（皮、肉、心柱）颜色一致、口感脆，水分含量相对比较大，味道纯正。用于加工的品种侧重于胡萝卜根整齐一致，适于机械化采收，同时对营养品质要求比较高。不同的消费区域、不同的消费群体，有着不同的消费习惯，对胡萝卜品种的需求也不同。因此胡萝卜的生产向着多样化的形势发展。如目前日本、美国及欧洲，不但各自培育出了代表不同区域的品种群，而且根据不同生长季节与用途，还培育出适合春、夏、秋播不同播期，与鲜食、加工等不同用途的杂交种。日本分别培育出耐抽苔早熟的春播五寸型、耐热耐旱的夏播五寸型、优质高产的秋播五寸型品种；美国根据胡萝卜加工业的要求，培育出高胡萝卜素品种，据报道，目前美国胡萝卜饮料业在果蔬饮料中大致排列在第二、三位。

2. 胡萝卜供应周年化

胡萝卜常规栽培均以早秋播种，秋末初冬收获，通过贮藏来满足冬春季节的需求。近几年来，随着一系列新品种的育成和引进，特别是一些适宜春夏播种抗抽苔品种、耐热品种的引入，春季保护地栽培和高寒地区反季节栽培的成功，我国交通运输条件的改善，都使得胡萝卜的周年供应成为可能。

3. 胡萝卜品质优良化

商品胡萝卜的质量是开拓市场、提高效益的重要标准，营养品质是提高胡萝卜档次的内涵质量标准。随着社会的进步，人民生活水平的提高，人们在吃饱饭的同时要求吃好，不但要求外观品质要好，而且风味品质和营养品质也要跟上。

4. 胡萝卜产品无害化

无污染的安全质量是胡萝卜的合格标准，更是参与国际竞争的生命线。目前，从国家到地方，大都制定了胡萝卜无害化生产标准，以规范胡萝卜产品无害化、绿色化、健康化。

二、生态、文化、景观调节趋势

1. 产业有机发展，生态安全格局得到保护与优化

随着城镇化、工业化快速推进，生态格局破坏明显。由于长期的人类活动干扰，开山采石、工业经济快速发展、城乡建设无序侵占使得原生植被受到大量破坏，市域耕地、林地、草地、生态保护红线区被占用，导致大量耕地和生态用地缩减和退化。以及随着城乡建设粗放扩张、工业经济快速发展，导致地区水土流失严重，绿量逐年递减趋势明显，综合生态效益大幅下降。加强胡萝卜产业的生态有机发展，将促使胡萝卜产业得到升级，同时也保护了市域的生态安全格局，优化了生态环境（图8-1、图8-2）。

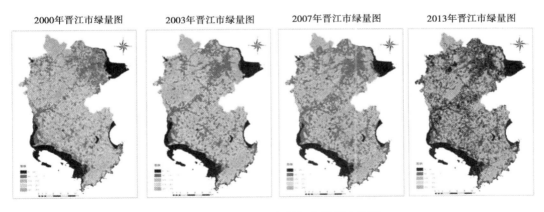

图8-1　2000—2013年晋江市绿量变化图

2. 乡村地区的人居环境得到优化

改革开放以来的近40年，晋江市经济发展迅速，尤其是乡镇企业逐渐壮大，呈现"遍地开花"的分布格局，城乡建设用地也随之大规模拓展（图8-3）。从20世纪80

图 8-2　2011 年晋江市农用地现状分布图

资料来源：晋江市全域田野风光发展规划-综合报告。

年代至今，晋江市的城乡建设用地格局大致经历了从"均质分散"到"城乡混杂"再到"城乡连绵"的三个阶段。尤其是近十余年城乡建设用地增速较快，从 2000 年至 2013 年城乡建设用地增长 1 倍，其中年均增长 7.6%。在胡萝卜产业发展驱使下，农业的多功能得到发挥，在确保农田耕地不减少的底线下，乡村地区无序建设得到遏制，非建设空间尤其是农业空间得到保护，原有的田野风光得到恢复，曾经"稻田白鹭飞"的美景得到重现。

3. 景观资源得到保护，空间品质进一步提升

晋江市域内地势高低起伏，拥有海洋、丘陵、山体、平原、河流、湖泊等丰富优质的景观资源（图 8-4）。市域内农田因地制宜，呈现出条带、团块、阶梯起伏等多种形态，具有良好的景观利用价值；大规模的胡萝卜种植更是晋江独特的景观资源。

晋江农田景观各具特色。北部以种植水稻为主，稻田规模较大，分布集中，多与河流相邻，水与田网状交错，相映成趣；中部主要种植胡萝卜等蔬菜类作物，多处于

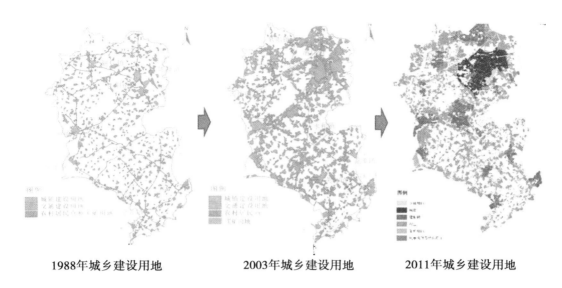

| 1988年城乡建设用地 | 2003年城乡建设用地 | 2011年城乡建设用地 |

图8-3 晋江市城乡建设用地格局变化图

资料来源：晋江市全域田野风光发展规划-综合报告。

丘陵地区，高低起伏的农田适合胡萝卜种植，形成"远近高低各不同"的多维度农田自然景观，形成丰富有趣的农园景观，进一步提升了市域空间品质。

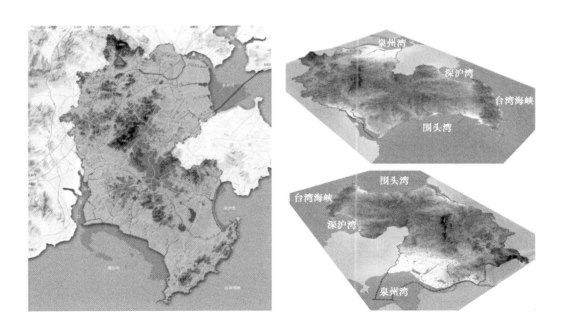

图8-4 晋江市地形图

资料来源：晋江市域生态绿地保护规划。

4. 文化与产业融合，内容得到进一步丰富

晋江拥有国家、泉州市各级美丽乡村、国家历史文化名村若干，华侨文化、闽南文化、抗倭战争文化等多元的历史文化背景，地方文化资源丰富。红砖红瓦、雕梁画栋和装饰屋顶等闽南传统民居要素在晋江具有浓厚的地方特色，市域南部民俗文化多，主要源自于海洋文化，沿海的安海镇、深沪镇等是"南音"和"深沪褒歌"等非物质文化遗产的起源地。通过"农业嘉年华"等农业特色活动的举办，极大地将产业与文化高度融合，促进了文化的有效提升和产业的进一步拓展（图8-5）。

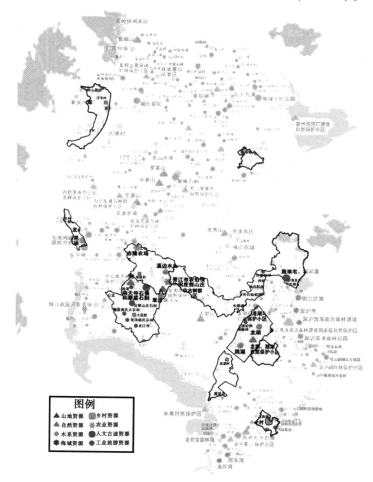

图8-5　晋江市人文及自然资源汇总图

资料来源：晋江市全域田野风光发展规划–综合报告。

第九章　晋江市胡萝卜提升的效益分析

工业化与城市化带来的一系列问题导致了人们对农业性质与地位的反思。首先人们开始认识到一个强大的有活力的农业部门是支持工业化与经济快速增长的关键，其具有五大主要经济作用：一是向日益增加的人口、工业和城市提供廉价的食品和原料；二是向外出口农产品以换取外汇，以进口工业化与城市发展所需的技术与原材料；三是向工业部门提供劳动力；四是为工业产品提供市场；五是增加国内储蓄以便向工业提供扩张资金。但这些作用都只是最大限度地抽取农业与农村资源以促进工业化与城市化，关于工业化过程中如何发展农业与农村，这些理论却没有提供什么见解。对农业地位反思较为深刻的是农业与工业和谐发展理论。胡萝卜是一种经济作物，是一种农业生产。在晋江发达的县域经济发展中，不仅担负着农作物生产的功能，而且担负着保护生态环境和调节城市效用的功能。为此，胡萝卜发展不仅要考虑农业自身生产的经济作用，还应更加重视其他非经济作用，如：使人与自然界保持联系；使人的居住环境变得高贵与人性化；为保持一个适当的生活提供所需食品与其他材料；优化工业与农业之间的平衡发展。

1972 年，丹尼斯出版了《增长的极限》一书，指出了人类繁荣背后的隐忧，针对20 世纪 50—60 年代人们在经济增长、城市化、人口、资源等方面所形成的环境压力，报告的结论说"如果在世界人口、工业化污染、粮食生产和资源消耗等方面按现在的趋势继续下去，这个行星上增长的极限将在今后 100 年中的某一天发生。最可能的结果将是人口和工业生产力双方有相当突然的和不可控制的衰退"。要避免这种衰退就必须将增长转向"持续增长"和"合理持久的均衡发展"。同年，联合国人类环境会议在瑞典斯德哥尔摩举行，通过《人类环境宣言》，出版了《只有一个地球》，1973 年 1月，联合国环境计划署正式成立。

基于以上背景，我们在分析晋江市胡萝卜产业的效益时，需要从环境、经济和社会三方面同时考虑。农业除了提供食品和纤维等主要经济品外，还应同时提供一系列具有多种功能的非经济品，如生物多样性、动物福利、田园风光、自然遗产的保护、历史与文化遗产的保护、文化的传承、娱乐、教育、粮食安全、食品安全、食品质量、宜人的居住环境、农民就业、农民社会保障和农村的其他经济活动等环境与社会收益。农业承载着更多的社会功能、环境功能与历史文化功能。为此，我们急需一种有效地、全面地、系统地、可持续地农业政策理论框架与可行的政策措施，否则我们的和谐社会目标只能是空中楼阁。为此我们从经济品与非经济品联合生产的核心观点出发，分析农产品效益提升的路径。

第一节　联合生产模型

一、模型简介

模型假定一种经济品，两种要素——土地 L 与外购要素 Z，两种非经济品，一种具有正外部性——宜人的风景 α，一种具有负外部性——对环境有危害的残留物 e。各种产品的生产函数如下：

$$Y_1 = L^{0.6} Z^{0.2}$$

$$\alpha = L^{0.5}$$

$$e = \frac{Z^2}{L}$$

其中：Y_1 是经济品的产量，L 是生产产品所投入的土地，Z 是生产经济品时外购要素的投入。以上生产函数意味着，经济品是规模收益递减的，商品相对来说是土地密集型的，正外部性 α 与土地的使用量与经济品的生产有关，负外部性 e 与经济品的生产有关，且随着 Z 使用量的增加而增加，随着土地使用量 L 的增加而减少，对于外购要素，e 是报酬递增的。

由于正负外部性与经济品生产过程中要素的使用量有关，所以基本的结论是四种产品的最佳水平是联合决定的，即无法在不同时考虑别的产出时单独确定某一种产出的水平。考虑几种情形：

情形一：不考虑外部性与可分的固定要素

这种情况意味着没有联合生产。均衡的结果与标准结论是一样的，即利润最大化的条件是要素的边际产品价值等于要素的价格，均衡仅仅取决于产品与要素的市场价格。

情形二：考虑可分的固定要素——土地

这时仍假定农民在决策中不考虑外部性，但土地的使用有一个上限，这种情形短期对于农民长期对于一个地区或国家来说都是较为普遍的。这时，农民最大化受到固定数量土地的约束。假定所有土地都被利用，要解决的就是约束条件下的最大化问题。

情形三：考虑负外部性并对其征税，但无土地使用上限

对生产所使用的外购要素征了税，随着税收的提高，商品 1 与负外部性的量都会减少。结论是如果对负的外部性征了税，那么与之相联合的经济品的产出水平就会减少。而这种减少是不是对整个社会有利则不确定。又因为经济品的产出水平与土地的使用量正相关，所以土地的使用会下降。与土地使用量正向相关的正外部性水平也随之下降。

情形四：考虑正外部性并补贴之，无土地使用上限

这种情况下对土地的使用超过了土地的边际产品价值等于土地的价格这一点，总的舒适性在增加。因为两种要素是互补的，所以外购要素在生产两种商品时的使用量以及边际产品价值也增加了。这导致了两种经济品产量的增加。同时在生产经济品时，土地是可分割的要素，而在生产宜人风光或舒适性时，又是不可分的要素。

情形五：一种经济品，两种外部性（一正一负），无土地使用上限

这时农场的利润函数为：

$$\pi = \left[P(L^{0.6}Z^{0.2}) - P_L L - P_Z Z \right] - T_e \left(\frac{Z^2}{L} \right) + S_\alpha L^{0.5}$$

式中，T_e 为税收，用来代替负外部性的成本，S_α 为政府补贴，用来代替正外部性的价值。

利润最大化的一阶条件为：

$$\frac{\partial \pi}{\partial L} = 0.6PL^{-0.4}Z^{0.2} - P_L + T_e(Z^2/L^{-2}) + 0.5S_\alpha L^{-0.5} = 0$$

$$\frac{\partial \pi}{\partial Z} = 0.2PL^{0.6}Z^{-0.8} - P_Z - 2T_e(Z/L) = 0$$

这是联合生产，所有三种产品（一种经济品、两种非经济品）都在经济上相互依赖。这一情形的结论是：

对于经济品的生产，土地的使用量都要多于不考虑两种外部性时的情形。额外的土地的使用量会达到一个点，在这点上，其递减的边际产品价值的下降等于土地所产生两种非经济品的社会价值。一方面，土地直接贡献于风景的宜人性；另一方面，随着生产商品变得越来越土地集约化，土地的使用还有益于减少残留物。

商品的生产倾向于多使用土地，少使用外购要素，变得相对土地密集。因为如果对负外部性征了税，外购要素的价格将上升。

关于经济品的产出水平，结论不是很明确，在此，两种外部性是朝着两个相反方向用力的，对于每一单位的经济品，因为生产更为土地密集，所以会有更多的宜人风景产生，每单位以及总产出中，环境的残留物也会减少。但是，必须知道实际价格、税收与补贴情况才能得到经济品的实际产出水平。

二、存在问题

三种产品的联合或是因为使用了固定的可分要素 L，或因为使用了不可分要素（Y 和 e 相对于 Z、L，α 相对于 L），因为要素的使用量影响到多种产出的水平，所以才引起了联合生产。并没有技术上的联合，而技术联合正是农产品之间联合的最主要根源。

正如本书所说，除了物理联合可以给出单个产出的生产函数与要素需求函数外，化学联合与生物联合都无法给出单个产出的生产函数，而模型中，所有单个产出的生产函数都可以一一得出，在这种情况下，联合生产是单个生产加总的结果，而不是产品之间内在技术联系的结果。

在第四种情形下，政府为正外部性提供了补贴，使得与正外部性相关的经济品的产出水平提高，因为假定只要使用了土地，就会有正的外部性产生，从补贴最大化的角度讲，农民不会在乎生产那种经济品，所以两种经济品的产量都会随之增加。但如果这时土地使用量是固定的，从农场的角度讲，补贴前后，农民的决策根本不会有什么变化，除非补贴前有大量的土地闲置。这一点具有重要的政策涵义，即对正外部性的补贴到底应以什么为依据。

虽然模型没有明确指出，但经济品的追求始终是分析的优先目标。

第二节　修正模型

一、原理分析

农业联合生产的最大特点是以生物化学联合为基本单元的物理联合与行为联合，所以模型的构建首先将考虑生物化学联合，再考虑在此基础上的物理联合。

由于生物联合中不存在单个产出的生产函数，所以在此将以联合生产函数为分析基础。

生物化学转换过程（如植物）可用下式来示意。左边是投入，右边是产出，多种产出源自同一组要素，而且必然地、同时地出现在同一个反应过程中。

$$\text{自然要素} \xrightarrow[\text{时间}]{\text{光、温、水、土壤}} C_1 + \cdots C_n + NC_1 + \cdots NC_m + \cdots$$

式中：C 表示经济品，NC 表示非经济品，N 与 M 分别表示经济品与非经济品的个数。

假定联合生产函数为：

$$Q = F(N, M)$$
$$Q = Q_1 + \cdots + Q_n$$

其中：Q_1、$\cdots$、Q_n 分别代表联合产品的产量，正常情况下，Q_1、$\cdots$、Q_n 在物质形态与分子结构上并不一样，所以不能够简单加总，以上关系仅表示联合产出中包含的各种产品。

N 代表土地的使用量，M 代表人为要素的使用量。因为自然条件的优劣部分地可以反映在土地价格中，所以 N 可以近似地等于自然要素的使用量。

二、修正模型

从以上的分析过程中，经过修正农场的利润函数为：

$$\pi = P_Q Q - P_N N - P_M M$$

利润最大化的一阶条件为：

$$\frac{\partial \pi}{\partial N} = P_Q \left(\frac{\partial Q}{\partial N} \right) - P_N = 0$$

$$\frac{\partial \pi}{\partial M} = P_Q \left(\frac{\partial Q}{\partial M} \right) - P_M = 0$$

其中：$P_Q = W_1 P_1 + \cdots + W_n P_n$，为产品的加权平均价格。$W_1$、$\cdots$、$W_n$ 分别为产出品的权重，P_1、$\cdots$、P_n 分别代表产出品的价格，P_N、P_M 分别代表土地与人为要素的价格。

以上是联合生产均衡的最一般形式。在形式上看与标准结论没有什么不同，即要素的边际产品价值等于要素的价格，但在联合生产的情况下，存在三个问题：

对于一阶条件，首先需要知道 P_Q，但要知道 P_Q，就必须知道 P_1、$\cdots$、P_n，如果产出都是经济品，都具有完备的市场，则这一问题不难解决。但如果其中一种产出是一种非经济品，没有完备的市场及市场价格时，P_1、$\cdots$、P_n 则很难直接获得；其次是产出的计量与权重问题，如果产出都是有形的经济品，Q_1、$\cdots$、Q_n 就不存在计量与权重问题，但如果产出是非经济品且以无形的、边界不清楚的方式出现，这种计量就无法把握。如连成一片的农田所形成的田园风光带来的视觉享受，就很难量化。权重的赋予则与人们对非经济品的重视程度、认识水平、经济发展水平、地区自然条件有关，很难有一个客观的尺度。再次需要知道要素的边际产量 $\frac{\partial Q}{\partial N}$ 与 $\frac{\partial Q}{\partial M}$，由于 Q 代表的是联合产品，需要知道具体的联合生产函数 $Q = F(N, M)$ 的全部信息。

可见最终的问题是对于非经济品的评价、计量、权重赋予、联合生产函数的具体形式以及联合产品各个组份之间的技术与数量关系问题。

对于非经济品，如前述常见的解决方法有虚拟市场评价法、旅游成本法、成本替代法、替代价格计算法、享乐主义评价法、进入成本法，但这些方法的局限性显而易见。第一，过于依赖公众需求。对于非经济品，公众的需求不一定总是存在，即使存在需求，其强度也与公众的认识水平，所处的地理位置，经济发展水平等密切相关。第二，公众的认识往往缺乏科学性与前瞻性，所以这样得到的数据没有多少指导意义，也无法代表其真正的科学价值。至于成本替代法、进入成本法、旅游成本法，等等，只适用于非常局部的地域性很强的公共产品或自然资源的评价，缺乏一般意义。

对于非经济品的计量问题，依非经济品性质的不同与所需技术的不同，可能存在不同的解决方案与可能。然而对于权重的赋予，由于认识水平、地理位置、自然条件、经济发展水平以及文化差异差别可能会很大，从而分歧很大。

在联合生产情况下，联合的生产函数或转换关系相对单个产出的生产函数要容易建立一些。但均衡需要求解联合产出的最佳水平 Q，这是一个很抽象的问题，因为 Q 不是一个产品，而是一个产品包或一个集合。不过这时也有解决办法，就是将 Q 近似地看作是一个产品，而 Q_1、$\cdots$、Q_n 等只是它的不同组成部分，比如羊肉与羊毛是羊这一联合产品的不同部分。故可将这种问题变成计算几头羊的问题，然后再根据羊与羊毛、羊与羊肉的关系求出各个组份，所以必须有产品之间联合方式的全部信息。

但对于农民来说，如果产出是非经济品，不存在市场或市场不完备，农民就不可能有以上所需的全部信息。因为对非经济品价值的评价与权重的赋予都不是农民可以解决的问题。

在这种情况下，最佳的要素配置量以及产出水平问题实际上没有解决。而多功能农业主要关心的就是经济品与非经济品的联合生产，所以必须寻找别的出路。

一个较好的办法是，将非经济品作为外部性处理。即非经济品是以追求经济品为目标的生产过程中附带产生的外部效应。实际上模型中的经济品与 e 就是这种关系，但在此假定非经济品是"谷子"。

有几种不同的情况需要分别考虑。

情形一：农场没有为非经济品付出额外成本也没有从中得到额外收益

这意味着经济品与非经济品是资源互补型的。

这时假定有如下函数：

经济品：$Q_1 = F(N、M) = \lambda N^\alpha M^\beta$

非经济品：$Q_2 = \varphi(Q_1)$，且 Q_2 与 Q_1 正向相关。

Q_1 式是一种一般形式的柯布-道格拉斯生产函数。其中 α 与 β 分别为自然要素与人工要素对生产的贡献，两者之值均小于 1，进一步假定 $\alpha + \beta < 1$，但 $\alpha > \beta$。以上假定说明生产是规模收益递减的，并说明自然要素的作用大于人工要素。选定这一特定的生产函数是因为它在实证性的生产理论里应用非常广泛而且在政策分析中也很常用。进一步假定 $\alpha = 0.6$，$\beta = 0.2$，$\lambda = 1$，则 $Q_1 = N^{0.6}M^{0.2}$，这是模型中使用的经济品的生产函数。

这时农场的利润函数为：

$$\pi = P_1 Q_1 - P_N N - P_M M = P_1 N^{0.6}M^{0.2} - P_n N - P_m M$$

利润最大化的一阶条件为：

$$\frac{\partial \pi}{\partial N} = P_1\left(\frac{\partial Q_1}{\partial N}\right) - P_N = 0.6 P_1 N^{-0.4}M^{0.2} - P_N = 0$$

$$\frac{\partial \pi}{\partial M} = P_1\left(\frac{\partial Q_1}{\partial M}\right) - P_M = 0.2 P_1 N^{0.6}M^{-0.8} - P_M = 0$$

式中可以求出最佳的要素使用量 M^* 与 N^*，进而求出了 Q_1^*。

对于农场来说，利润最大化的条件与标准方法没有什么不同，即要素的边际产品价值等于要素的价格。因为农场并没有为外部性付出额外成本，也没有从这种外部性中得到好处，这时避开了对 P_2 的评价问题及权重赋予问题。

尽管在决策中不考虑公共"谷子"问题，但它是现实存在的。如果能够知道 $Q_2 = \varphi(Q_1)$ 的具体形式，由于它们在技术上的刚性，则可以得到相应的非经济品水平。由于公共"谷子"与经济品在资源的利用方面存在完全的互补关系，如胡萝卜园与风景的关系。这一模型的含义是非经济品的供给随着经济品供给的增加而自动增加，随着经济品供给的减少而自动减少。

联合生产引起的问题是假如市场存在对公共"谷子"的需求，什么机制能够保证对公共"谷子"的供给达到市场需求的水平。以上所计算的是经济品的最佳产出水平以及与此水平相关的公共"谷子"水平，但这并不意味着公共"谷子"的供给水平是社会所需的最佳水平。

另一个问题是，公共"谷子"显然具有一定的社会价值，所以在这种情形下，尽管不存在社会成本与私人成本的差异，但存在社会收益与私人收益的差异。

情形二：农场为 Q_2 付出了额外成本，但没有获得相应的收益

多数情况下，外部性的生产是要耗费成本的，这意味着经济品与非经济品对于资源存在竞争关系，假定这一成本函数为 $C_2 = C_2(Q_1)$。且假定这一成本随着经济品产出水平的增加而增加，即 $\dfrac{\partial C_2}{\partial Q_1} > 0$，这时有如下利润函数：

$$\pi = P_1 Q_1 - C_2(Q_1) - P_N N - P_M M$$

利润最大化的一阶条件为：

$$\frac{\partial \pi}{\partial N} = P_1\left(\frac{\partial Q_1}{\partial N}\right) - \left(\frac{\partial C_2}{\partial Q_1}\right)\left(\frac{\partial Q_1}{\partial N}\right) - P_N = 0$$

$$\frac{\partial \pi}{\partial M} = P_1\left(\frac{\partial Q_1}{\partial M}\right) - \left(\frac{\partial C_2}{\partial Q_1}\right)\left(\frac{\partial Q_1}{\partial M}\right) - P_M = 0$$

在 $\dfrac{\partial C_2}{\partial Q_1}$ 中指经济品的产量增加时，摊在非经济品中的成本增量，或边际机会成本。也就是如果外部性消耗了成本却没有收益时，对于农民来说，均衡条件是在边际产品价值减 $\left(\dfrac{\partial C_2}{\partial Q_1}\right)\left(\dfrac{\partial Q_1}{\partial N}\right)$ 或 $\left(\dfrac{\partial C_2}{\partial Q_1}\right)\left(\dfrac{\partial Q_1}{\partial M}\right)$ 之后要素的价格之间建立的。在产品价格与要素价格不变的情况下，为了建立新的均衡，生产商品的边际生产力 $\dfrac{\partial Q_1}{\partial N}$ 与 $\dfrac{\partial Q_1}{\partial M}$ 必须增加，在要素的边际报酬递减的情况下，要求减少两种要素的使用量，所以最优的自然资源与人为资源的配置量都应小于第一种情况。均衡结果是商品的产量减少，"谷子"量也随之减少。

这一结果的政策含义是非常明显的，即如果农民为正的外部性付出了成本，但在市场上得不到应有的补偿与回报，市场均衡的结果就是正外部性水平的减少，与之相联合的经济品的产出水平也同时减少。

但这种减少是相对于第一种情况的减少，而不一定是相对于最佳社会需求水平的减少。要知道什么是社会的最佳需求水平，还必须有其他方面的信息。

情形三：农场为 Q_2 付出了额外的成本，同时获得了补偿

假定农民为提供公共"谷子"获得了一定的补偿 S，其额度与 Q_1 成正比，$S(Q_1) = kQ_1$，对于农场来说，有以下利润方程：

$$\pi = P_1 Q_1 + K Q_1 - C_2(Q_1) - P_N N - P_M M$$

利润最大化的一阶条件为：

$$\frac{\partial \pi}{\partial N} = P_1\left(\frac{\partial Q_1}{\partial N}\right) + k\left(\frac{\partial Q_1}{\partial N}\right) - \left(\frac{\partial C_2}{\partial Q_1}\right)\left(\frac{\partial Q_1}{\partial N}\right) - P_N = 0$$

$$\frac{\partial \pi}{\partial M} = P_1\left(\frac{\partial Q_1}{\partial M}\right) + k\left(\frac{\partial Q_1}{\partial M}\right) - \left(\frac{\partial C_2}{\partial Q_1}\right)\left(\frac{\partial Q_1}{\partial M}\right) - P_M = 0$$

这时农民因为得到了一定量的补偿，资源的最佳使用量大于没有补偿时的使用量。经济品与正外部性的产出水平都要高于没有补偿时的水平。

如果补偿与成本相等，或 $k = \dfrac{\partial C_2}{\partial Q_1}$，补偿系数等于非经济品所耗费的边际成本，则均衡结果与第一种情况一样。但由于对成本与外部性收益的计量问题，补偿系数恰好等于边际成本的可能并不大。

如果 $k > \dfrac{\partial C_2}{\partial Q_1}$，对正外部性的过度补偿诚然会产生足够的正外部性，但会导致与之相联合的经济品生产过剩。

但如果 $k < \dfrac{\partial C_2}{\partial Q_1}$，就会使经济品的生产不足，正外部性不足。

情形四：考虑社会收益与社会成本

假定社会收益函数为 $E(Q_1)$。实际上，对"谷子"的补偿就是以其具有社会收益为前提的。所以对于农场来说，这种情况与第三种情况没有区别，资源的配置情况以及各种产出的水平却不一样。

对整个社会来说，利润函数为：

$$\pi_s = P_1 Q_1 + \left[E(Q_1) - kQ_1\right] - C_2(Q_1) - P_N N - P_M M$$

利润最大化的一阶条件为：

$$\frac{\partial \pi_s}{\partial N} = P_1\left(\frac{\partial Q_1}{\partial N}\right) + \left(\frac{\partial E}{\partial Q_1}\right)\left(\frac{\partial Q_1}{\partial N}\right) - k\left(\frac{\partial Q_1}{\partial N}\right) - \left(\frac{\partial C_2}{\partial Q}\right)\left(\frac{\partial Q_1}{\partial N}\right) - P_N = 0$$

$$\frac{\partial \pi_s}{\partial M} = P_1\left(\frac{\partial Q_1}{\partial M}\right) + \left(\frac{\partial E}{\partial Q_1}\right)\left(\frac{\partial Q_1}{\partial M}\right) - k\left(\frac{\partial Q_1}{\partial M}\right) - \left(\frac{\partial C_2}{\partial Q}\right)\left(\frac{\partial Q_1}{\partial M}\right) - P_M = 0$$

对这种结果的分析如下：

第一，社会收益等于社会成本的情况，即 $E(Q_1) = C_2(Q_1) + kQ_1 > 0$，这时均衡结果与第一种情况完全相同，社会均衡与农场均衡结果一致。

第二，即社会收益不等于社会成本或 $\dfrac{\partial E}{\partial Q_1} \neq \dfrac{\partial C_2}{\partial Q_1} + k$ 的情况。如果社会收益大于社会成本或 $\dfrac{\partial E}{\partial Q_1} > \dfrac{\partial C_2}{\partial Q_1} + k$，为了建立新的均衡，要 $\dfrac{\partial Q_1}{\partial N}$ 与 $\dfrac{\partial Q_1}{\partial M}$ 必须减少，在边际报酬递

减的情况下，要求多使用两种资源，从而要求增加 Q_1 与 Q_2 的数量。但这只是一种均衡要求。这种情况与第二种情况即农民为正外部性付出了成本却没有得到补偿的情况非常相似，因为事实上农民会因为得不到补偿而不响应这一均衡要求。从农场均衡的角度看，面对这种情况时却要求减少两种要素的使用量，结果使商品的产量减少，正外部性的量也随之减少。从而社会均衡与农场均衡的结果不一致。

同理，如果社会收益小于社会成本这时公共产品其实是"稗子"，社会均衡会要求减少对两种资源的使用量，从而减少经济品及与之相联合的外部性的产出水平。如果这时，农场所承担的社会成本小于所得到的补偿收益或根本不承担成本，则农场倾向于多使用两种要，从而使两种产出的水平同时增加。这时社会均衡与农场均衡结果也不一致。这种情况实际上就是经济品与负外部性联合生产的情况，如模型中商品与负外部性。但这一模型的优越性是同时适用于正外部性与负外部性的情况，从而使问题简明化，并且自动将分析从农场层面转移到农场以外的社会层面。由于土地数量的有限性，公共"稗子"与可变要素使用的强相关性，所以社会要求减少的并非土地的使用量。

以上四种情况是单元联合，但如前所述，在基本单元的基础上，农业生产还具有单元之间的平行联合、垂直联合以及交叉联合，这就需要进一步考察范围经济问题。

第十章　晋江市胡萝卜产业发展的布局与任务

第一节　晋江市胡萝卜产业发展的布局

一、空间格局

根据晋江市胡萝卜产业发展的现状和未来胡萝卜全产业链的布局设想，晋江市胡萝卜产业的空间格局为"一园两区三片"（图10-1）。其中的"一园"指胡萝卜博览园，主要的位置在东石镇，内容包括展示区、观光区和资源区三大部分组成，其汇聚了农产品的展示，农产品交易中心，研发基地，休闲观光，创意设计等。"两区"为胡萝卜加工区和胡萝卜物流区，胡萝卜加工区主要是针对未来形成胡萝卜初加工到精加工所形成的产业聚集区，胡萝卜物流区主要以农业综合服务市场为中心的物流、市场等的综合体。"三片"指胡萝卜种植的三个类型片区，分别是以内坑和安海为主的现代农业型胡萝卜种植片区，以东石、永和和龙湖为主的农旅互助型胡萝卜种植片区，以及以英林、深沪和金井为主的休闲旅游型胡萝卜种植片区。

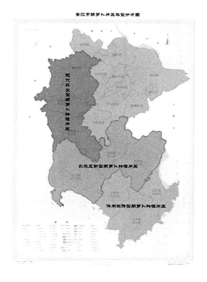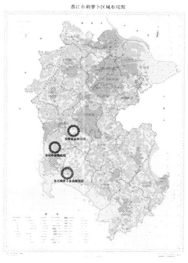

图10-1　晋江市胡萝卜空间布局图

二、分区布置

表10-1　种植片区分布表

片区	范围	类型	功能
现代农业型胡萝卜种植片区	内坑和安海	现代农业型	种植、示范、科普、体验
农旅互助型胡萝卜种植片区	东石、永和、龙湖	农旅互助型	种植、创意、观光、对台
休闲旅游型胡萝卜种植片区	英林、深沪、金井	休闲旅游型	种植、民宿、创意、养老

1. 现代农业型种植片区

现代农业区的主要功能是产业种植、农业示范、农业教育、农耕体验和发展精品农业等方面，晋江市现代农业区主要由磁灶镇、内坑镇和安海镇北部部分地区组成，根据目前片区内的胡萝卜种植情况和周边环境。拟规划磁灶镇和内坑镇合并为磁内区，重点开发千亩胡萝卜高标准种植示范田，辅开发胡萝卜观光、胡萝卜农业体验；安海镇则重点开发胡萝卜休闲农场和农产品加工，营造多元的胡萝卜文化体验区。详见表10-2、表10-3。

表10-2　内坑镇

类型	项目	发展策略
农业重点项目	高标准胡萝卜基地	依托胡萝卜种植区域，打造生态蔬菜基地
	麦葱标准化基地	依托高标准胡萝卜基地的季节复种建立麦葱
	胡萝卜博览园	依托胡萝卜种植优势，建设集农科农技、农产品展销、体验农园、特色餐饮为一体的特色基地
配套项目	田园休闲旅游区	结合胡萝卜种植基地，在部分村庄资源丰富区域打造集种植与休闲旅游结合的田园休闲旅游项目

表10-3　安海镇

类型	项目	发展策略
农业重点项目	高标准胡萝卜基地	依托胡萝卜种植区域，打造生态蔬菜基地
	胡萝卜加工客厅	依托胡萝卜产业和相关农产品品种，建设示范性无污染加工厂房，打造全透明的生产线观光廊道。
配套项目	胡萝卜综合休闲农场	结合胡萝卜种植基地，结合休闲餐饮、田间劳作、乡土教育、亲子活动等

2. 农旅互助型种植片区

主要功能是产业种植、创意与体验农业、生态观光、体育休闲、文化展示与体验等方面，重点开发胡萝卜的绿色、环保、体验、休闲和示范功能。晋江市胡萝卜产业的农旅互助区是由东石镇、龙湖镇、永和镇及部分安海镇三大部分组成，其中东石镇和龙湖镇分别是晋江区胡萝卜种植面积第一、二大乡镇，安海镇紧随其后，永和镇则较小。基于此，将农旅互助区的三大部分细分，分别定位其发展：东石镇将依托胡萝卜种植优势建设集农科农技、农产品展销、体验农园、特色餐饮为一体的特色高效产业基地；龙湖镇以胡萝卜为主的蔬菜基地和丘陵花谷等多元化农业种植为主体，以海鲜、濒海民宿为特色，打造濒海旅游度假区；永和镇及部分安海镇地区以胡萝卜为主的蔬菜果园为基底，以各具特色的休闲农场为亮点，营造多彩田园景观。详见表10-4～表10-9、图10-2、图10-3。

表10-4　东石镇

类型	项目	发展策略
农业重点项目	高标准胡萝卜基地	依托胡萝卜种植区域，打造生态蔬菜基地
	生态蔬菜种植基地	依托胡萝卜种植区域，打造生态蔬菜基地
	胡萝卜博览园	依托胡萝卜种植优势，建设集农科农技、农产品展销、体验农园、特色餐饮为一体的特色基地
配套项目	田园休闲旅游区	结合胡萝卜种植基地，在部分村庄资源丰富区域打造集种植与休闲旅游结合的田园休闲旅游项目

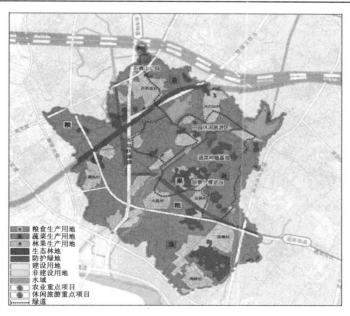

图10-2　晋江市东石镇胡萝卜项目空间布局图
资料来源：晋江市全域田野风光发展规划–综合报告。

表 10-5 龙湖镇

类型	项目	发展策略
农业重点项目	高标准胡萝卜基地	依托胡萝卜种植区域,打造生态蔬菜基地
	生态蔬菜种植园	依托胡萝卜种植区域,打造生态化、现代化农业种植园
	湖滨生态种植基地	在有条件的区域建设生态种植基地,打造绿色示范
配套项目	生态公园	利用水库和溪流打造高端生态观光休闲产业
	休闲度假基地	结合水资源风光,打造田园休闲,乡村度假项目

表 10-6 永和镇

类型	项目	发展策略
农业重点项目	高标准胡萝卜基地	依托胡萝卜种植区域,打造生态蔬菜基地
	循环农业示范基地	发展联合立体种植示范基地,打造生态高效农业新模式
	生态种植基地	在有条件的区域建设生态种植基地,打造绿色示范
配套项目	大地创意景观园	利用胡萝卜基地丘陵地貌,村田交错美景,打造大地景观,发展观光旅游、农地艺术、生态农业展销、生态餐饮等活动
	山地马拉松	以胡萝卜种植基地周边的道路和边角地,创意结合大地景观,形成以农业为主题的马拉松赛段
	晋江胡萝卜节	每年举办晋江胡萝卜节,以蔬菜的采摘、选购、烹饪大赛等,以及露天音乐节等丰富活动打造晋江胡萝卜品牌

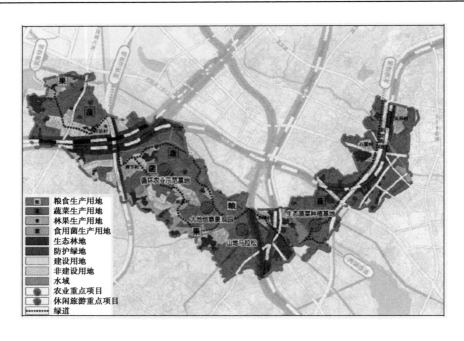

图 10-3 晋江市片区胡萝卜项目空间布局图

资料来源:晋江市全域田野风光发展规划-综合报告

3. 休闲旅游型种植片区

休闲旅游型片区的主要功能是胡萝卜产业种植、胡萝卜休闲与创意体验、胡萝卜文化体验、胡萝卜基地康体健身、胡萝卜基地农家民宿体验等。利用金井镇、英林镇、深沪镇现有胡萝卜种植基地和周边旅游资源结合，打造集产业种植、古村落旅游、农家民俗体验、胡萝卜休闲与创意、胡萝卜文化体验、康体养老、体育健身位一体的观光、休闲、旅游的新型产业。

表 10-7　英林镇

类型	项目	发展策略
农业重点项目	高标准胡萝卜基地	依托胡萝卜种植区域，打造生态蔬菜基地
	甘薯种植基地	在胡萝卜种植部分基地，利用季节差别，种植甘薯
	胡萝卜市民农园	可以结合大片胡萝卜种植基地周边，建立城镇居民开展"市民农园"
配套项目	郊野公园	可以在英林镇选择比较好的几个胡萝卜种植地块，结合河溪，打造林、田、溪结合的郊野公园

表 10-8　深沪镇

类型	项目	发展策略
农业重点项目	标准胡萝卜基地	依托胡萝卜种植区域，打造生态蔬菜基地
	花生种植基地	在胡萝卜种植部分基地，利用季节差别，种植花生，与金井镇一起打造自有花生品牌
	胡萝卜农作公园	可以结合大片胡萝卜种植基地的边角地，开展农地劳作、农事体验活动，形成种植产业和休闲产业结合的农作公园

表 10-9　金井镇

类型	项目	发展策略
农业重点项目	高标准胡萝卜基地	依托胡萝卜种植区域，打造生态蔬菜基地
	花生种植基地	在胡萝卜种植部分基地，利用季节差别，种植花生，与深沪镇一起打造自有花生品牌
配套项目	精品度假养生园	选择有条件的个别胡萝卜种植地块，结合周边的山林，打造度假养生项目，发展乡间特色居住，家庭休闲娱乐项目

第二节　重点任务

根据晋江市胡萝卜产业发展的现状和未来发展趋势，胡萝卜在产业链条（产前—

产中—产后）上需要解决一些重点性任务。为此，本研究中针对各个环节上依据空间格局和片区分布特点，采取"全域整体化，片区特色化"的战略方针。

一、产前

（一）胡萝卜种业

晋江市胡萝卜现有品种90%为坂田七寸，品种高度集中，渠道单一，由于贸易壁垒、垄断效应等问题，种子价格居高不下，直接增加了产业的生产成本，严重影响了农户生产安全及效益，不利于胡萝卜产业的发展。晋江市政府应当协同下属有关部门制定有关应对措施。一方面应该加强对国内外胡萝卜优良品种进行试验筛选（特别是国外一些在该产业种业方面有优势的国家），在大量引种的基础上，选准1~2个既适合本片区土壤特性，高产稳产，又受市场欢迎的新品种，减轻由于单一品种种植带来的风险和成本。另一方面，政府应该设立胡萝卜种业专项研发基金，联合省内外有关研究单位和高校（如福建省农业科学院、福建农林大学、中国农业科学院等），对胡萝卜种业进行突破性研发，争取在不久的将来使晋江市摆脱国外胡萝卜种子的垄断和控制。

（二）土地规模经营

实行土地规模经营，是对家庭联产承包责任制的发展和完善，也是传统农业向现代农业转化的必然过程，它的形成和发展，为晋江的农业注入新的生机和活力。随着晋江市乡镇企业的迅猛发展，最近二十年来农村劳动力大量转移到第二、三产业，为耕地的转包和集中开发形成了条件，促进了农业规模经营。根据2015年晋江市蔬菜场户验收情况表，当前大部分农户的种植规模在50~200亩，已经形成了一定的规模化，但是规模化的程度还比较小，专业化发展也比较普遍。为此，晋江市政府要在现有的基础上引导小规模种植户进行联合发展，建立分工合作，实行更加专业化和技术化方向发展，提高规模经济效益。同时，建立健全利益联结机制，鼓励农民以地所有权入股参与胡萝卜生产，形成利益共享、风险公担的联接；加快晋江市土地流转交易平台建设，规范化土地流转；推进集体土地承包地流转，统筹兼顾，为实现片区的特色胡萝卜产业发展提供强有力的耕地保障，也为特色片区的打造提供更加可能的条件。

（三）节水灌溉

由于晋江市胡萝卜种植的区域中，主要包括农田种植区域和旱地种植区域。在农田种植区域方面，由于晋江市特有的土壤条件，必须对胡萝卜种植的起垄比较高（在25~30cm），这主要是因为晋江属于南方区域，雨水比较多，地上表层以沙土层为主，但是薄薄的沙土层下是容易积水的黄土层，容易积水，因此要在起垄的过程中，提高垄高，使得胡萝卜不容易烂根，在雨水不足情况下采用滴灌。在旱地部分，由于地形的原因，排水比较容易，但是水分比较不足，容易缺水。为此，晋江市要高度重视农业的节水灌溉发展，在胡萝卜节水设施方面更是投入巨大，目前胡萝卜生产的节水灌溉方式已基本实现。未来应加大力度研发新型节水灌溉系统，同时还要确保生产的产品质优价廉，操作简易，容易被广大农户接受认可，逐步实现新老灌溉设备的交替，并逐步扩大新型节水灌溉设备的使用面积。

（四）农资

随着生态条件的变化和人们生活要求的提高，农产品质量安全越来越成为人们生活的关注点。胡萝卜种植也是如此，必须坚持"生态优先"的原则，减少化肥和农药使用量，努力实践化肥、农药零增长行动。因此，在农资方面，重点要关注以下几方面。

（1）强化化肥减量替代。持续推广使用商品有机肥，在胡萝卜种植上还可以推广水肥一体化技术，提高肥料利用效率，减少化肥流失。

（2）加强农药减量控害。示范与推动农作物病虫害统防统治建设，积极推广新型高效植保机械、高效低毒低残留环保型农药，继续开展绿色防控技术示范，减少农药使用量。

（3）结合节水灌溉设备，大力推广水肥一体化。水肥一体化使肥料的利用率大幅度提高，灌溉施肥体系比常规施肥节省肥料 50%~70%，每年可为片区每亩胡萝卜种植节省的肥料和农药至少为 700 元，增产幅度可达 30%以上。

二、产中

（一）种植模式、面积

1. 种植模式

当前我国胡萝卜一般采取两种种植模式，即平作种植与垄作种植，垄作模式又分为垄单行、一垄双行、一垄三行、一垄四行等。研究表明，一垄双行和一垄四行亩产量、商品率、商品产量较高，是最佳种植模式。晋江市现有一般采用一垄四行的垄作模式，其中无公害片区一般按照两种生产，一种是行距 15cm，穴距 9cm，垄面宽度60cm，沟底 17cm，沟宽 47cm，沟斜面 31cm。另一种是行距 15cm，中间行距 18cm，穴距 7cm。垄面宽度 70cm，沟底 15cm，沟宽 40cm，沟斜面 28cm。晋江市应继续采用无公害片区的种植模式并加大其推广力度，提高胡萝卜生产效益，发展生态农业、循环农业，促进资源永续利用。

2. 种植面积

对于晋江市的胡萝卜种植面积，到 2016 年已经达到 6 万多亩，相对于全是 20 多万亩的耕地面积，胡萝卜的种植面积扩展空间比较有限。为此，未来晋江市胡萝卜的种植重点主要往两方面发展：一方面，针对目前各乡镇的胡萝卜基地，从各自不同的定位角度，加强与休闲农业的结合；另一方面，在胡萝卜产业链形成较完整的情况下，以晋江为孵化、加工、销售为核心带动周边县市种植面积，以扩大胡萝卜产业的容量。

（1）东石镇：以发展规模化生态农业、精致农业为重点，规划千亩种植地选择优秀的胡萝卜品种进行有机胡萝卜种植、生产、研究，其余种植地保持规模化胡萝卜种植。

（2）龙湖镇：以发展规模化生态农业为重点，大部分区域进行胡萝卜的规模化生态种植，划分一小部分种植面积进行建造以胡萝卜为主的蔬菜种植园地，供游客体验胡萝卜的种植和采摘乐趣，购买新鲜胡萝卜进行品尝。

（3）永和镇及安海镇部分地区：以发展规模化生态循环农业为重点，进行胡萝卜生态种植，选取丘陵地貌突出的部分种植面积打造胡萝卜创意景观田园。

（4）磁灶镇以及内坑镇：以发展胡萝卜示范园为重点、进行胡萝卜农业教育、胡萝卜农耕体验和精品胡萝卜种植。选取内坑镇千亩胡萝卜种植园打造胡萝卜展示园，规划部分空间，让游客们自主进行播种、管理、采收、经营胡萝卜，增加极大的体验乐趣。

（5）金井镇、深沪镇以及英林镇：以发展休闲旅游农业为重点，结合濒水的自然地理优势，打造独具风情的濒水胡萝卜景观点、线、面，以点带面，带动局部地区经济互动与旅游发展。

（二）复种品种、季节

晋江市胡萝卜为年种一茬，全年利用时间为 6~8 个月，主要为露地秋冬季栽培，每年的 8 月下旬至次年 5 月为种植期。其余 4~6 个月时间可以采取复种模式发展相关农作物种植，以降低土地成本，提高土地利用率和综合生产能力，促进农民增收。同时，在复种品种基础上培养出相关 1~2 个的农产品品牌（如花生等）。

东石镇：胡萝卜采收期后种植玉米晚熟品种；龙湖镇：衙口花生是龙湖镇衙口村的特产，胡萝卜采收期后正是花生种植期，花生属于养地作物，选用良种花生"小琉球"、"中琉球"；永和镇及安海镇部分地区：永和镇在胡萝卜采收后进行食用菌种植，春季种植蘑菇、香菇、金针菇、滑菇、松口蘑等，夏季种植草菇、木耳、凤尾菇等；安海镇则可种植玉米晚熟品种。形成"稻—菇—胡萝卜"模式。内坑镇：推广复种红薯。由于春红薯这一生长特性有效的弥补了胡萝卜在种植上的时间差，同时通过不同种之间的轮作，提高了土地的利用率。安海镇：推广复种麦葱。由于麦葱生长速度快这一生长特性，可以有效地解决了胡萝卜种植空闲期土地荒废问题，同时增加了种植品种，促进农民增产增收。金井镇、深沪镇以及英林镇：在胡萝卜采收之后进行复种花生、马铃薯、甘薯以及一些时令蔬菜等。

（三）机械化

在全国各地的胡萝卜种植区域，目前在胡萝卜的种植方面实行的机械化程度会比较多，如耕地、播种等。但在胡萝卜的采收方面的机械化几乎没有，这使得胡萝卜的人工成本相对比较高，每亩胡萝卜采收的人工要在 10 人·天。为此，在未来的发展中要加大提高胡萝卜生产机械化水平，引入适宜片区种植模式的播种机、收割机器，减少生产人工成本，解放转移生产劳动力。一方面，要从制约胡萝卜生产机械化的主观因素入手，更新观念，加大对机械化生产的宣传力度，提高对蔬菜生产机械化的认识；另一方面，从客观上政府要对胡萝卜主产区进行规划管理，因地制宜，提升规模化种植水平，农艺科学化，农机才能有效服务农艺。此外，政府要出台相应的惠农政策，对集中购买拖拉机、播种机和收获机的农户及合作社进行补贴，提高胡萝卜种植和收获机械化的普及率，从而达到增产增收的目的。近两年在东石等乡镇建设胡萝卜机械化示范园区，建立"政府推动、政策引导、大户带动"的建设机制，大力推广胡萝卜标准化生产技术，坚持农机农艺相结合的发展路子，制定胡萝卜生产机械化技术规范，引导农民科学种植，切实发挥示范园区的带动作用推动胡萝卜机械化发展步伐。同时，政府要加大政策和资金扶持力度，提高对胡萝卜机械化收获的研发力度和资金投入，考虑设立胡萝卜机械化专口政策，在机械引进、产品研发方面加鼓励，争取实现生产高度机械化，引导胡萝卜种植向精致农业发展。

三、产后

（一）冷藏保鲜

冷藏保鲜是胡萝卜种植采收，经过清洗后一个很关键的环节，对后期的胡萝卜销售有很大的影响。在晋江的胡萝卜发展中，当前的冷藏保鲜还显得比较不足，在未来的发展中要重点在以下几方面加大力度：首先，要在一些种植面积比较大的乡镇或种植大户建设一定规模的冷藏库，由于晋江市的总体镇域相对比较集中，在建设冷库时要相对比较集中，有利于能过共享，资源最大化利用；其次，要在安海镇结合农产品加工厂等形成冷链、加工、销售结合的现代物流加工园区。

（二）加工

胡萝卜对人体具有多方面的保健功能，因此被誉为"小人参"。对于晋江胡萝卜产业在以出口鲜销产品为主的基础上，应大力发展胡萝卜初加工和精深加工，拓宽胡萝卜产品种类，延伸产业链，提高胡萝卜产品附加值，同时通过加工技术充分占产量10%的副产物，提高胡萝卜整体效益，增加农民收入。

根据晋江市的实际情况，可做如下规划：

1. 初加工产品

片区内各乡镇合作社、企业自行生产，健全、完善胡萝卜产业体系。

（1）鲜切胡萝卜：鲜切胡萝卜可保持胡萝卜的新鲜质地和营养价值，食用更方便，安全环保。主要面向中大型超市。

（2）优质胡萝卜干品和胡萝卜粒：利用真空冷冻干燥技术、低温氮源热泵干燥技术等节能减排的现代食品干燥技术，开发优质的胡萝卜干品和胡萝卜粒。

（3）胡萝卜营养粉：可用于婴儿或中老年营养粉、面包、挂面等的辅料。

（4）低糖胡萝卜果脯：开发健康营养的果脯类产品。

2. 深加工产品

政府引导、提供政策扶持胡萝卜种植业与福马、福源、乐隆隆等以农产品精深加工为主的龙头企业开展合作生产，开拓胡萝卜食品市场，促进胡萝卜产业优化升级。

（1）胡萝卜浓缩汁和胡萝卜汁饮料。

（2）胡萝卜即食脆片：真空油炸产品和非油炸系列产品。

（3）胡萝卜乳酸菌发酵饮料：益生菌饮料。

（4）胡萝卜主食产品：胡萝卜面包、胡萝卜挂面、胡萝卜馒头、胡萝卜饼干，等等，通过胡萝卜与主粮相结合，增加胡萝卜加工量，减少胡萝卜淡季积压，促进胡萝卜产业发展。

（5）胡萝卜即食休闲食品。

（6）胡萝卜罐头。

3. 精加工产品

在东石镇建立农业高新技术研究基地，采用有机胡萝卜，与福马、福源、乐隆隆等龙头企业及高校、科研机构合作，共同开发，进一步延伸胡萝卜产业链。

（1）β-胡萝卜素提取与精粉制备。

（2）β-胡萝卜素软胶囊。

（3）胡萝卜功能营养咀嚼片：可与其他天然植物营养活性成分配伍，开发具有抗氧化、提高免疫力等功效的营养含片。

（4）胡萝卜营养泡腾片。

（5）β-胡萝卜素化妆品。

（三）销售

针对晋江市当前的胡萝卜种植状况，晋江市的胡萝卜销售体系显得非常的不足。为此，晋江市有关方面要在未来的胡萝卜发展中加大该方面的拓展。首先，要建立胡萝卜综合交易集散中心、专业批发市场。在安海建立蔬菜综合交易集散中心、龙湖镇、永和镇及东石镇部分地区建立胡萝卜专业批发市场、收购网点；二是成立专业销售团队，全面统筹兼顾胡萝卜销售。成立专业销售团队，聘请专业人员，在产前提供信息指导，在产中加强服务，在产后则全面负责销售，统一发布胡萝卜信息，全面负责全国客商订购、咨询，解决小农户与大市场的矛盾；三是贯彻落实"互联网+现代农业"行动，拓展线上销售业务。贯彻落实"互联网+现代农业"行动，规划电子商务镇，推出晋江特色胡萝卜产品和有机胡萝卜食材，进行线上销售，为胡萝卜产品销售提供更广阔的平台，实现胡萝卜产销便利化、智能化和服务高效化、便捷化。四要依托"一带一路"战略优势，拓宽海外市场。未来晋江市可依托"一带一路"战略优势，拓宽海外市场，将胡萝卜销售推往更多周边国家，尤其是东石镇的有机胡萝卜，可打造一系列专供出口的精致胡萝卜产品，使销售渠道多样化；五要形成"城市社区+农户"的新型销售模式。"城市社区+农户"是指胡萝卜生产和社区居民需求直接挂钩，社区居民直接上门收取或者农户通过物流直接配送至社区居民手中，实现胡萝卜的快速流通。

四、配套

（一）品牌建设

品牌建设对产业发展而言具有很多促进的作用。第一，有助于产品的销售和占领市场，品牌一旦形成一定知名度后，企业可以利用品牌效应扩大市场。第二，有助于稳定产品价格，减少价格弹性，增强对动态市场的适应性。第三，有助于新产品开发，利用其一定的品牌知名度，开发研究新的产品。第四，有助于企业抵御竞争者的攻击，保持竞争优势。因此，晋江市的胡萝卜产业要在以下一些方面做好胡萝卜品牌。一是乡镇政府借助农业优势，鼓励种植户注册商标。片区内各乡镇政府应借助农业区域优势，积极引导、鼓励乡镇内种植胡萝卜的大户、合作社、龙头企业注册胡萝卜品牌商标，突出当地特色，注重地理标志的认证，如东石镇的有机胡萝卜，建立有机胡萝卜"原产地"的品牌认知，努力提高特色品牌知名度。二是政府加强引导，开展绿色食品、无公害食品等品牌认证。晋江市政府应加强政策扶持引导，各乡政府积极配合，开展绿色食品、无公害食品等品牌认证，积极鼓励农户参与有关荣誉评选，特别是在胡萝卜的包装、分级上做文章，提高产品档次和科技含量，打造绿色、健康、安心的精品品牌，努力提高品牌效应。同时为已认证的企业品牌搭建传播平台，树立品牌形象，增强品牌带动力。三是通过休闲旅游促进胡萝卜品牌建设。通过胡萝卜博览园、展销会及冠名赞助旅游节、种植园、烹饪大赛等方式，加大品牌宣传推介力度，提高品牌知名度。

（二）人才培养

晋江市胡萝卜从开始种植到现如今形成一定规模的产业结构已经走过了十几年的时间，在这个过程中，取得了很大的成就，给晋江的农业发展和社会经济带来了极大的推动作用。从胡萝卜行业的从业人员来看，普遍是当地的农民，这样的从业人员对将来的发展具有比较大的局限性。为了将来晋江市胡萝卜产业的进一步成熟和发展，形成一个以种植为基础，拓展种业、农资、加工、销售为一体的产业集群，需要在人才方面有比较大的突破。具体有以下几方面：一是加强胡萝卜种植业的科技教育和培训，培育新型农民。聚焦家庭农场、农民合作社和农业龙头企业，加大胡萝卜从业人员的教育和培养的力度，开展新型职业农民素质提升工程、阳光工程培训、农村实用技术远程培训等，培养一批知识全面、技术过硬、素质高的复合型技术人才。二是应高度重视年轻知识人才培养工作。加大人才培训和继续教育的投入，可与福建农林大学、农科院等合作人才培养计划，不断强化优秀年轻人才的综合素质，每年选送一批优秀人才参加福建农林大学的培训和短期学习，提升文化视野和专业技能；三要多请有关行业专家和企业 CEO 等高级技术人才来晋江讲学，促进更大范围的人才培训和胡萝卜基地现场进行指导。

（三）科研共建

产业的发展需要科技的投入，更需要科技的支撑。为了晋江胡萝卜产业的创新发展和新型突破。结合晋江市的资源和条件，需要在种业、加工等方面的科学研究，因为农业行业比较广泛，国家公益行业的一些研究单位当前并没有针对胡萝卜产业方面的研究机构，为此晋江市可以利用当前已经形成的规模种植，创立胡萝卜产业研究机构，建立自己本身的研究团队，同时与福建农业科学院、福建农林大学、福州大学、中国农业科学院等研究单位进行联合，将自己的团队走出去学习和请进来指导相结合，最终培养成自己产业的研究团队。

同时，要依托"一带一路"战略，促进与周边国家地区交流学习，新丝绸之路大学联盟是依托"一带一路"战略成立的由海内外大学结成的非政府、非营利性的开放性、国际化高等教育合作平台，晋江市政府可委托福建农林大学等高校，与"新丝绸之路经济带"沿线国家和地区大学之间在胡萝卜产业发展上开展交流与合作，培养具有国际视野的高素质、复合型人才，优先服务于晋江市胡萝卜产业发展建设。

（四）文化建设

文化是产业的提升和灵魂，挖掘胡萝卜的历史渊源，将胡萝卜文化与养生文化、闽南地区乡土文化相结合，开发以胡萝卜为主绿色食品养生休闲游、乡间劳动养生休闲游；将胡萝卜文化编写成以泉州南音为主的民间口头艺术进行演唱，既可以宣传胡萝卜文化，提升休闲旅游的文化品味，又可以传承发展南音这一非物质文化遗产。此外，还可以建设以胡萝卜为主题的文创园、博物馆，举办农业嘉年华、烹饪大赛，科普、发展胡萝卜文化，提高晋江胡萝卜的知名度。

（五）行业协会（组织化）

成立晋江市胡萝卜协会，一是可以及时捕捉市场信息，了解行情变化及客商需求，引导农民适时调整品种结构，引进优良品种，使胡萝卜品种不断适应市场需求，连年获得高效益；二是秉持农机与农艺相结合的原则，探索适合当地土壤、气候、灌溉等条件的高产农艺模式，带领协会会员进行统一标准化生产，增强技术培训及宣讲，提高胡萝卜生产水平。三是在农户、合作社、企业与政府间建立起沟通的桥梁，通过胡萝卜协会工作，农户、合作社、企业对政府及其主管部门诉求经由协会总结、归纳和提升，形成了代表整个胡萝卜行业发展和绝大多数会员利益的总体需求后向政府反映表达，有利于政府及其主管部门更好、更有效地把握胡萝卜行业整体需求，做出有效的政策调整并通过胡萝卜协会快速、准确地落实，提高政策运行效率。

第十一章　晋江市胡萝卜产业发展的路径与对策

第一节　晋江市胡萝卜产业路径选择

一、管理的规范化

（一）加强管理

1. 管良种

随着经济全球化和区域一体化。经济结构调整势在必行。目前，世界农产品的竞争正在从以往的价格竞争为主转变为以质量、技术含量为主的全方位竞争，而质量和效益竞争的核心是良种。实现农业和农村经济结构调整，良种必须先行。良种是农业的基础，没有适合市场需求的一大批优质的农作物品种，再好的农业调整方案都是纸上谈兵，空中楼阁。

2. 管品种

要加强胡萝卜新品种试验、审定、引种、登记。对经过人工培育的或者对发现的胡萝卜加以开发，经审批机关依据法律、法规的规定，授予新品种选育单位或个人享有生产、销售、使用该品种繁殖材料的独占权。必须对新品种遗传性状的特异性、生物形态的一致性、繁殖遗传的稳定性进行测定，授予新品种权。对品种要连续多年、多点的试验，测定品种的利用价值，着重对品种的区域适应性、丰产性、品质、抗性等性状的鉴定，以防止不合格的品种进入市场，给农业生产造成损失。

3. 管市场

伴随着农业现代化的发展，过去以每家每户的小农发展方式已经不能适应现代农业的发展。当前农业的发展，必须以市场为主体，发展市场化农业才能实现农业的更进一步的发展，即农业的根本出路在于市场化。发展市场化农业是解决"三农"问题的根本，是实现农业现代化的重要途径，也是我国建立农村市场经济体制的根本要求。

（二）加强质量控制

1. 保障农产品消费安全

不可否认，农产品交易主体的分散性、交易产品的多元化为农产品生产质量的契约化带来困难，胡萝卜产业也是这样，这是我们研究所要突破的地方。农产品生产质量的契约可以对产品质量做出严格的规定，契约可以采用利益共享、风险共担的机制，契约要对各方的权利和义务做出明确的规定，以保证各方利益的实现。签约的一方为企业或中介组织，包括经纪人和运销户，另一方为农民或大户代表。与胡萝卜产品相关的契约具有市场性、预期性和风险性。与胡萝卜产品相关的契约通过合同的形式，把购销双方紧密联结起来，明确各自的权利、义务，按照合同的规定完成生产经营中产销活动的全过程，实质是通过契约的形式把市场需求反映出来，引导生产单位按照市场需求进行生产。

2. 建立健全食用菌质量安全控制体系

当前，随着经济社会的不断发展，农产品质量安全越来越受到国际社会和国内公众的关注。加强以取缔违禁高剧毒农药为重点的农业投入品市场源头监管，建立农产品生产源头无条件负责制，推行农业标准化生产，让人民群众吃上放心胡萝卜产品，这是广大人民的热切期盼，是坚持以人为本和关注民生，建设富裕和谐的现代化社会的具体体现，是打造晋江品牌、树立优质胡萝卜产品形象，提高胡萝卜产品市场竞争力的重要举措。作为农产品质量安全监督主管部门，要充分认识胡萝卜产品质量安全监管的严峻形势，认真贯彻有关法律法规，切实增强进一步搞好胡萝卜产品质量安全监管的责任感和紧迫感。对检测不合格的产品，不管其成本多少，要依法查封、扣押，发布公告召回不合格产品，并进行无害化处理或销毁；造成社会危害的，依法追究责任，并处罚款，严肃处理。属于生产者、销售者责任的，产品批发市场有权追偿。消费者也可以直接向产品的生产者、销售者要求赔偿。

（三）加大产业扶持力度

县镇两级人民政府要加强对胡萝卜产业化发展的规划、指导和管理，加大对胡萝卜产业的扶持力度，强化政府宏观管理。在有关部门的指导和帮助下，强化行业内部管理，促进晋江胡萝卜产业的可持续发展。

1. 资源基因种质库源的建设

加强胡萝卜物种基因的搜集、整理工作。今后的农业基因资源拥有量是决定一个国家、地区科技发达程度和经济发展水平的重要标志之一。保护好基因，对于今后农业生态工程的建设很有意义，拥有决定数量的基因，是产业今后发展的坚实基础。

2. 重视保鲜与加工技术应用与开发

充分发挥福建省蔬菜方面的专业研究所，农业科研院、所的作用，将晋江市适合播种的资源中前景看好或能够半人工驯化胡萝卜品种列入攻关科研计划，提供部分人员经费和工作经费的补给。争取在3~5年内推出胡萝卜本地驯化品种或在乡土良种选育上求得突破，形成新的经济增长点，并带动相关行业的协调发展。

3. 建立科技龙头企业

充分发挥本地和省市的科研院、所的专业优势，在政府的大力支持和引导下，有计划地培育2~3个科技龙头企业，通过模式化样板引导，塑名牌、强强联合、走出去、引进来等方式，树立起晋江胡萝卜的企业形象，锻造胡萝卜的优势企业。为胡萝卜发展积蓄力量和资金，带动全市胡萝卜产业的发展。

二、生产的标准化

（一）质量的标准化

在农产品生产过程中，标准无法实施主要有四种情况：标准不切实际，不可依；信息、技术等水平达不到，不能依；成本高，收益小，不愿依；行业比较特殊或小产业，无标准可依。

当前国内外市场对优质健康蔬菜产品的需求已越来越高，短缺经济下一味追求数量的时代已经过去，在国际贸易中，"绿色壁垒"已经成为各地农产品（包括胡萝卜）出口的主要技术障碍。因此，建立以市场为导向的标准体系，用标准来规范胡萝卜行业，提高产品质量安全，对产业发展来说实属当务之急，实施标准化推动产业化发展势在必行。

（二）种植的标准化

随着经济的高速发展和产品种类的快速增加，越来越多的农资为种植户提供了选择的余地。但是，我们在追求经济效益的同时，要兼顾生态环境的保护，这是产业发展的前提条件和根本。

在晋江市胡萝卜种植中，为了增加效益，当前普遍使用"海沙"复合肥，长期的使用该肥料会导致土壤的pH值变化，破坏土壤的结构。为此，在种植过程中，要引导种植户增加有机肥的用量和适当减少"海沙"复合肥的用量。其次，应该鼓励种植户使用水肥一体化喷灌设施，节省化肥和农药使用量，减少对环境的污染。

三、流通体系的现代化

农产品现代流通体系建设水平是衡量一个地区现代农业发展水平的重要标志。因此，构建农产品现代流通体系是发展现代农业的一个重要内容。农产品现代流通体系是利用现代高新技术，采取现代组织方式，为农产品流通提供服务系统的总称。它是利用现代技术、现代营销方法和营销理念应用到农产品流通过程中，以提高农产品流通速度，促进农产品流通的发展，建立现代化、信息化的流通体系。

当前，晋江市胡萝卜流通主要通过翔安区的综合批发市场，作为全省最大种植面积的县，需要建立一个现代、高效率的胡萝卜产品流通体系，具备规范和健全的市场体系、形式多样的市场主体、现代的流通网络信息体系、现代化管理机制以及规范化的流通秩序。

（一）规范和健全的市场体系

通过十来年的发展，当前晋江市胡萝卜的种植已经比较成熟，但是市场体系比较薄弱。成熟发达的市场经济是以规范健全的市场体系为基础的，晋江胡萝卜市场应该建立多元胡萝卜产品市场网络。通过多元的市场促进流通、合理定价作用，从最有效促进流通和合理定价的角度看，批发市场和期货市场尤其不可或缺。将国内市场和国际市场接轨，把有限的市场价格机制、竞争机制、供求机制顺畅建立起来。培育流通市场主体包括市场和产品流通中介服务组织，如流通龙头企业、代理商、产品流通合作社、种植协会、经纪人队伍等。

（二）网络信息体系与管理机制

要建立权威性的胡萝卜信息网络，及时、准确地向种植户和交易者提供价格信息、生产信息、库存信息以及气候信息，提供中长期市场预测分析，使产品信息网络成为引导农民调整生产结构，保持市场平稳运行的重要手段。在产品流通过程必须建立现代管理机制，并以此为保障，建立产品准入制度，以标准化的产品为通行证和标的物，保证现代交易方式顺利、高效进行。从政府角度，要完善营销服务体系、宏观调控体系、标准体系和质量监测体系。

四、贸易的国际化

（一）正视法规和标准化体系建设

目前我国相关的标准体系有待完善，比如农药残留限量指标，我国有国际食品法典 2 572 项标准，欧盟有 22 289 项，美国有 8 669 项。因此，我国与国际标准相比尚存在差距。我国法规体系的不完善和缺少前瞻性。加快品种体系建设，完善生产管理体系，政府及相关涉农部门应积极组织科研力量，开发高效、低毒或无毒的生物农药，以解决生产过程中各个环节的灭菌、杀虫难题。

（二）加强软硬件条件建设

从软件设施来看，信息和计算机技术在农业上的广泛应用，一方面加快了国际贸易的发展，但同时也滋长了胡萝卜贸易领域高技术诈骗行为。这就对该行业从业人员提出了更高的素质要求，需要其具备综合的业务水平和贸易知识，以适应瞬息万变的市场行情。因此，需要加大对从业人员的培训力度，改变目前从业人员杂乱无章、素质低下的现状，并吸纳更多高素质专业人员；从硬件设施来看，要求农业产业化贸易主体积极建立标准化的生产加工流水线，改变过去只停留在保鲜等粗加工水平的层面。

（三）注重新技术引进

21 世纪以来，城乡居民的食物消费结构日益多样化。特别是近几年来，国内对饮食的要求日益提高，这促使市场中各类食品客体不断花样翻新和质量提升。胡萝卜作为一种营养丰富的蔬菜产品，将不断会受到国内居民的厚爱，为适应多样化的市场消费需求，胡萝卜贸易商应该利用新技术，开发种类多样的初深加工产品，以在竞争日趋激烈的国际、国内市场拥有不断增长的交易份额，使企业不断发展壮大。因此，需将工业领域一些成熟的新技术和晋江本地的一些食品企业结合及时用于农业生产和胡萝卜加工领域，加强胡萝卜产业化链条的建设，降低胡萝卜生产成本，以便在国际、国内市场夺取更大的盈利空间。

（四）调整出口战略

一方面，发展中国家和不发达国家对高营养价值的产品的消费量，处于一种不断上升的趋势。因此，未来不能将眼光只盯紧发达国家（如日本或韩国），而应该开拓潜在市场，向具有市场潜力的发展中国家和不发达国家出口，以分散市场风险，获得更稳定的盈利渠道；另一方面，我国城乡居民生活水平的不断提高，国内市场对胡萝卜的需求也快速增长。国内这个巨大的潜在需求市场，是解决胡萝卜发展后劲的巨大支柱。

五、结构的合理化

（一）完善胡萝卜产业标准

通过对现有的相关国际标准、国家标准、行业标准、地方标准、企业标准的统计整理，借鉴发达国家在食品安全方面成功经验，根据胡萝卜产业特点，以市场为导向，以胡萝卜产品、胡萝卜质量安全监测方法、卫生与环境保护、物流、加工、从业人员健康、信息等方面为基础，制定出具有系统性、先进性、实用性、协调性、可扩展性的胡萝卜地方标准体系。规范胡萝卜人工种植、生产、加工、销售等所有环节，实现胡萝卜生产的开发有标生产、有标销售、有标监测，推进食用菌产业健康持续、规模化、集约化生产。

（二）加强产品加工技术的研究与开发

目前，晋江胡萝卜主要的鲜品出售为主，产品加工工业仍处于空白阶段，大部分出口产品仍以原料性的大包装初级加工产品为主，好的初加工和精深加工品少，自己创新产品极少，产品附加值低。晋江应加大胡萝卜初深加工技术、储藏保鲜技术、系列产品研究开发与投入力度，提升初深加工开发与生产能力，推进现代化、智能化和工厂化生产。着力开发胡萝卜营养保健产品、休闲食品与饮料以及有特殊疗效的各类药物制品等，拓宽消费渠道，延伸胡萝卜产业链，提高胡萝卜深加工产品份额。

第二节　晋江市胡萝卜产业发展对策

随着厦门翔安胡萝卜种植土地的减少，胡萝卜的种植不断往晋江地区发展，到目前为止，晋江市的胡萝卜种植已经成为全省面积最大，产量最高的县。但是，随着胡萝卜产业的不断发展，产业链上的各个环节开始出现一定的不足和问题。如政府扶持不力、引导不到位、管理欠缺，服务体系不够配套，信息渠道不畅，标准体系不健全，胡萝卜种子市场和质量监督管理不规范，企业创新不够，市场体系建设滞后，行业协会的作用没有充分发挥等。为此，需要构建晋江市胡萝卜产业政策、产业技术等支持体系，加强胡萝卜市场流通建设，以推进晋江市胡萝卜产业健康、快速发展。

一、政府：加强扶持、引导、管理抓产业政策

（一）制定晋江市胡萝卜产业发展的相关政策

1. 扶持政策

晋江市的胡萝卜产业正处在一个升级的过程中，仅靠自身的一个自然增长的趋势其力度是不够的，需要有政府的政策扶持。同时胡萝卜是投资少见效快的产业。但是，在种植业中胡萝卜是属于高投入的产业。晋江多数农民的投入能力有限，进入胡萝卜行业初期，政府的扶持显得尤为重要。如果政府能够科学的制定系列扶持政策，对产业发展是非常必要的，特别是晋江的胡萝卜产业刚刚起步，需要产前、产中、产后的系列技术服务。需要各级政府部门的产业开发计划与科技支持项目等给予胡萝卜产业的倾斜资助，或对种植、加工销售的农户和企业进行奖励，对龙头企业进行扶持。同时加大新品种的培育、开发力度，加大市场开发力度并进行导向性的扶持政策等。近

年来，国家实施"星火计划""扶贫计划""丰收计划""菜篮子工程"，以及《全国特色农产品区域布局总体规划（2006—2015）》等一系列国家重大计划、规划工程。2012年3月国务院于出台了《关于支持农业产业化龙头企业发展的意见》（国发〔2012〕10号），文件提出，农业产业化是现代农业发展的方向，龙头企业是构建现代农业产业体系的重要载体，推进农业产业化经营的关键。强调"扶持农业产业化就是扶持农业，扶持龙头企业就是扶持农民"，要求把发展农业产业化作为我国农业农村工作中一件全局性、方向性的大事来抓。按照《关于支持农业产业化龙头企业发展的意见》（国发〔2012〕10号），晋江的胡萝卜产业是晋江农业产业化的一个重要组成部分。

笔者认为，晋江应从以下几个方面扶持胡萝卜龙头企业：一是扶持龙头企业生产基地和基础设施建设。支持符合条件的龙头企业开展高标准胡萝卜基地建设和机械化栽培胡萝卜。二是扶持胡萝卜龙头企业带动农户和专业合作社发展产地农产品初级加工。对胡萝卜龙头企业带动农户与农民专业合作社进行产地胡萝卜产品初加工的设施建设和设备购置给予扶持。同时扶持"龙头企业+合作社+农户"的模式。这种合作社是农民自己办的，合作社把农民组织起来，龙头企业跟合作社打交道，签订稳定的供销合同，采取最低收购价、利润返还等方式，并通过合作社为农户提供生产资料、技术服务，很好地带动农民就业增收、农业增效、农村发展。三是支持胡萝卜龙头企业开展科技创新。通过国家科技计划和专项等支持胡萝卜龙头企业开展胡萝卜产品加工关键和共性技术研发。将龙头企业作为农业技术推广项目重要的实施主体，承担相应创新和推广项目。四是扶持胡萝卜龙头企业承担重要胡萝卜产品收储业务。支持符合条件的重点胡萝卜龙头企业承担重要胡萝卜产品收储业务。在税收、运输费和基础设施建设方面给予扶持。五是支持胡萝卜龙头企业建立风险基金。支持龙头企业与农户建立风险保障机制，对胡萝卜龙头企业提取的风险保障金按实际发生额在计算企业所得税前扣除。六是加大对胡萝卜企业在税收方面的组成力度。对符合企业所得税优惠政策的胡萝卜产品初加工范围要求的龙头企业免征或减征企业所得税，免征胡萝卜流通环节增值税。

晋江的胡萝卜已经发展成为晋江支柱产业之一，为当地农民增收、农业增效，提高人民生活水平，解决农村剩余劳动力、实现经济、社会、生态效益的三大统一做出了突出贡献。大力发展胡萝卜产业是贯彻落实科学发展观，促进农业生态良性循环，建设资源节约型生态高效农业，实现农业可持续发展的重要选择，也是解决"三农"问题、建设社会主义新农村、实现小康目标的重要渠道之一。各级政府须总结各地成功经验，进一步加大对胡萝卜产业的扶持。

2. 技术创新政策

技术创新是一种投入高、风险高的活动，通常投资者通过对技术创新的预期收益和投资风险进行权衡后，才决定是否会对一项技术创新进行投资，而政府一系列技术的创新政策能鼓励行业或企业积极进行高新技术的研究和实施应用，能引导、推动某一新兴产业的快速发展。胡萝卜产业技术是由一系列看得见、摸得着的实际应用技术组成的。目前，在晋江市的一些地区，很多胡萝卜生产集中在农户和小型企业，很多胡萝卜栽培者的文化素质和科学素质都不高，科技创新和新技术的应用缺乏主动性，然而，他们是产业水平提高的实实在在的实施者。在相当长的时间里，晋江市胡萝卜的技术创新和推广仍然属于公益性工作，应该制定适宜晋江市的胡萝卜产业技术创新和推广的鼓励政策。

政府对于胡萝卜企业进行技术创新应采取以下政策：一是税收优惠。主要通过税收减免、纳税扣除、加速折旧等形式，实现税收优惠能够有效的降低投资者的预期投资风险。二是政府补贴。主要是财政对从事研发活动的胡萝卜企业给予一定的补贴，以帮助企业完成技术创新活动。市场是推动胡萝卜企业技术创新的第一因素。政府作为企业技术创新的启动和推进者，可以通过创造一定的产品市场，鼓励企业的技术创新行为。政府采购政策事实上就是政府激励企业技术创新的一个重要组成部分。三是建立胡萝卜研究所。晋江胡萝卜产业技术创新在晋江市相关部门的支持下，组织相关人员从事胡萝卜技术的研究，针对当地生产实践和实际问题，开展了卓有成效的应用技术研究，解决农民的实际技术问题，晋江市要让胡萝卜科技领跑全省胡萝卜产业，在胡萝卜重点发展的区域建立胡萝卜研究所。

3. 财税金融支持政策

发展现代胡萝卜产业，离不开财税金融的有效支持。巩固完善和强化各项强农惠农财税政策，充分运用财税、金融等手段促进胡萝卜产业的发展，促进农业发展和农民增收。积极总结地方政府与金融部门对胡萝卜产业支持工作的经验等，研究提出相应的金融支持政策。

一是加大金融支持胡萝卜龙头企业力度。银行等政策性金融机构，加大对胡萝卜龙头企业固定资产投资、胡萝卜产品收购的支持力度。鼓励农业银行等商业金融机构根据胡萝卜龙头企业生产经营的特点合理确定贷款期限、利率和偿还方式，扩大有效担保物范围，积极创新金融产品和服务方式，有效满足胡萝卜龙头企业的资金需求。

二是对率先发展胡萝卜产业的农户，政府和有关部门应免除相关费用，以增加农民的生产积极性，降低生产成本。同时市财政还应设立财政专项资金，用于扶持胡萝卜产业的发展。各乡镇政府在各项优惠政策的基础上，也相应出台了一系列有针对性、可操作性强的优惠政策。

4. 组织保障政策

晋江胡萝卜产业经过近几年的快速发展，已经初步形成了一套产供销产业管理体系，是农业中产业化程度较高的产业。但要保障晋江胡萝卜产业的快速发展，需要从领导部门到服务部门都有专门的机构做组织保障与行政管理。胡萝卜技术推广站，主要负责总体规划、部门协调、技术推广等工作。行政管理组织的落实，强化了产业管理。在晋江市要成立晋江市胡萝卜产业升级办公室，其管理单位是农业局，其职能是负责对全县胡萝卜产业的发展进行规划、组织、协调、指导、服务和贯彻实施国家、省、市关于胡萝卜工作的法律、法规、方针、政策，组织起草晋江胡萝卜方面的政策规定及指导并协调主产地按胡萝卜产业发展规划抓好产业发展工作，整合各种资源、资金、技术，使晋江市胡萝卜产业发展上规模，上档次，提升胡萝卜产业发展水平，扩大助农增收能力和出口创汇能力等。各乡镇也应相继出台一系列切实可行的有效措施加强胡萝卜产业管理，使产业秩序逐渐改善，提升产业和市场信息逐步畅通；产业组织化和专业化程度日益提高，为胡萝卜产业健康发展提供可靠保证。

5. 服务政策

胡萝卜生产技术性强，整个生产环节都要求较强的科学知识和技术操作，因此，完善的技术跟踪服务是保障产业发展的重要基础。一是种植主要乡镇应建立一支多层次的结构合理的胡萝卜专业技术队伍，注重服务配套体系的建设，形成生产技术服务网络。二是各乡镇都应成立胡萝卜协会，从产前、产后、产中各个环节入手，为胡萝卜生产者和加工者提供各种服务。如分析市场行情，宏观的指导生产、加工、制种、收购、营销等服务。三是举办形式多样、内容丰富的胡萝卜培训班，把先进的种植技术和管理经验传授到农民手中。要围绕胡萝卜产业规划布局、基础设施、科技推广、技术培训、信息咨询等方面和利用科普学校、成人技校等场地，聘请业内知名专家，及时传授胡萝卜栽培技术，实地进行技术指导，帮助农民解决种植中遇到的技术难题，提高种植户的胡萝卜生产的技术水平。

（二）加强对胡萝卜产业技术、学科发展和信息平台的管理

胡萝卜产业是劳动密集型产业，也是技术密集型行业，需要以微生物学、菌物学、遗传学生态工程学、环境工程学、产业发展、产业组织、区位理论、可持续发展等理论和原理为基础，形成胡萝卜产业技术。胡萝卜的基本特性并没有像叶菜类农作物那样为普遍民众所了解。因此，相关科学知识和技术的掌握与叶菜类的不同和特殊性，产业发展对技术极其支撑体系的需求就更为迫切。

需要政府加强对胡萝卜产业技术、学科发展和信息平台的管理。构建覆盖产前、

产中、产后全产业链的胡萝卜现代化产业系统技术，架起支撑胡萝卜产业健康发展的技术桥梁，促进胡萝卜产业的持续健康发展。

1. 加强胡萝卜信息交流平台的管理

随着时代的进步，胡萝卜技术交流方式日益增多，政府应加强胡萝卜信息交流平台的搭建和管理。

一是加强对晋江市胡萝卜产业信息网的建设。晋江市要建设胡萝卜产业信息网，该平台的建立和运行，能够及时顺畅传递晋江胡萝卜的工作动态、全国和全省及部分重要胡萝卜种植省份有关胡萝卜的政策法规、行业新闻、科技研发、胡萝卜的价格情况及介绍晋江胡萝卜的相关情况，确保晋江胡萝卜产业信息的客观及时传递，可以有效地减少生产的盲目性，提高产业综合效益。这一交流平台将扩大信息范围，如原材料行情、产业规模、分布、栽培期、产量、种类和品种、产品上市期、产品流向、产品形式、价格、供需状况等各个方面的信息。

二是搭建出版物、会议、网络等不同信息传播方式相结合的信息平台。目前晋江市还没有一份自己创建的晋江胡萝卜方面的刊物，虽成立了晋江市胡萝卜协会，但开展的活动不够多，如每年一至两次的研讨会、交流会等，还没有成立晋江市胡萝卜学会（研究会）。为了搭建胡萝卜产业技术交流平台，提高信息共享度、技术的准确性、信息的时效性；为了正确引导和规范胡萝卜产业技术交流，引导和推广胡萝卜技术的应用，需要搜集和整理已有的试验数据和技术成果，进行科学分析和分类，因此须将出版物、会议、网络等不同信息传播方式相结合，建设与产业发展需求相适应的综合信息交流平台，为晋江胡萝卜产业发展提供科学准确权威的信息。

2. 加强对胡萝卜学科发展和人才的管理

胡萝卜产业在晋江甚至在福建是个古老而又新兴的产业，目前胡萝卜产业的从业人员以逾几千人，福建省全部从业人员达到几万人，可是没有专门的学校开设专门的培训和相关专业设置，涉及的只有农业学科，因此无法适应晋江胡萝卜产业发展的需要，急需培养各类相关技术人才。

一是从产业发展层面，需要产业管理、产业经济、市场贸易营销、生产技术、加工技术等各方面人才，这些人才的培养，需要学校、科研单位、技术推广机构等各方面的共同努力。为晋江胡萝卜产业的发展提供相关人才。

二是从胡萝卜学科建设层面，须培养大批胡萝卜人才。因此，晋江必须委托有关学校培养胡萝卜相关的人才，以服务于晋江胡萝卜产业发展的各个层面，并逐步凝炼，形成胡萝卜遗传育种、优质功效栽培、病虫害防治、产品储藏加工等产业技术体系。以满足晋江市胡萝卜产业规模日益扩大的需要。

二、企业：以市场需求为导向

企业是从事生产、流通、服务等经济活动，以生产或服务满足社会需要，实行自主经营、独立核算、依法设立的一种营利性的经济组织。在晋江胡萝卜产业快速发展的今天，胡萝卜企业应该根据市场需求，找准自身发展方向，以推进胡萝卜产业的发展。

胡萝卜产业是高附加值、高收益产业。充分发挥晋江沿海特色农业的优势，着力提高土地利用率，提高土地产出率，增加企业利润率，已成为胡萝卜企业的一个奋斗目标。企业在发展过程中，一定要注意打造胡萝卜"晋江"品牌，才能增强市场的竞争力。经营者也要加强自身素质建设，培养市场意识，努力让自己的胡萝卜产品占领有力的市场地位，吸引更多的胡萝卜产品的消费者。一个好的企业，有好的产品，也要有合理的营销策略才能稳占市场上风。

晋江胡萝卜项目的开发要根据市场的需求，不断创新，应遵循市场经济规律，形成胡萝卜项目开发的稳定性和长效性。尤其要注重胡萝卜产品的深度开发，充分利用晋江丰富的胡萝卜资源、人力资源、气候资源、区位资源、地理资源，打造"晋江"品牌。

（一）打造特色品牌，增强市场竞争力

品牌是一种无形资产，它能给拥有者带来溢价和增值。品牌定位是一个品牌经营的首要任务，是品牌建设的基础，是品牌经营成功的前提。把品牌定位在市场营销和品牌经营中有着难以估量的作用。品牌定位是市场定位的核心和集中表现，是品牌与这一品牌所对应的目标消费者群建立的一种内在联系。企业一旦选定了目标市场，就要设计并塑造自己相应的产品，树立一个好的品牌及企业形象，以争取目标消费者的认同。由于市场定位的最终目标是为了实现产品销售，而品牌是企业传播产品相关信息的基础和消费者选购产品的主要依据，因而品牌成为产品与消费者连接的桥梁，品牌定位也就成为市场定位的核心和集中表现。

品牌必须锁定目标人群，并借助现代传媒手段让品牌在目标人群心中获得一个有利的心理定势。胡萝卜"晋江"品牌，也应当是一个持久、稳定、可靠的品牌。要实现这一目标，一是必须重点考虑目标人群消费的需求。借助于目标人群的行为调查，可以解到目标人群的心理状况。这些，都是为了找到适合目标人群需求的品牌利益点。而考虑的主要目标是要从产品属性转向目标人群的利益。目标人群利益的定位是要站在目标人群的立场上来考虑，它是目标人群期望从品牌中得到什么样的效用。所以用于定位的利益点除选择产品效用外，还有心理、象征意义上的利益最大化，这使得产

品转化为品牌。在目标人群心中，树立对品牌的认知，进而形成一种差别。也正是这种差异才成为吸引目标人群的兴趣，提高其消费需要，最终形成胡萝卜产业品牌的无形资产。因此，晋江胡萝卜项目的布局：一是应注重与客源市场的联系；二要考虑项目交通区位；三要考虑其周围环境；四要考虑胡萝卜资源。各地应充分利用本地资源的优势，发展有本地特色的胡萝卜项目，力求与其他省份胡萝卜项目相互协调、优势互补、相互促进，打造出自己的特色品牌，才能增强市场竞争力。

打造特色品牌，必须要注重创新意识。一是产品创新，涉及多种各具特色的晋江胡萝卜产品，给喜欢晋江胡萝卜的人们带来了味觉、视觉的双重盛宴，让人们获得了极大的心理满足。二是文化创新，胡萝卜有胡萝卜的历史和文化，在创新胡萝卜产品的同时，也应创新胡萝卜文化（如建晋江胡萝卜博物馆）。三是包装创新，涵盖各种胡萝卜产品的包装等。四是胡萝卜园区创新，目前晋江的一些胡萝卜企业正在进行园区化建设，在规划设计方面要进行园区创新，以利于晋江胡萝卜产业的可持续发展。

晋江市的胡萝卜产业要以做出规模、突出特色为抓手，以打造"晋江"品牌、大胆创新为动力，着力打造一批知名品牌的胡萝卜产品。要始终围绕生态特色、资源特色、沿海特色、安全优质特色四色，着力走出一条资源能源节约、生态环境良好、安全优质、丰富多样的晋江胡萝卜产业发展的新路子，打造特色品牌，增强市场竞争力。

（二）培养胡萝卜经营者的市场意识

市场意识是按市场需求变化而生产，按市场经济规律谋发展的意识。通过市场检验胡萝卜产品的质量，通过市场树立胡萝卜产品形象，通过市场达到促进与交流，以实现胡萝卜产品的供给和需求的平衡。同时，我们所说的市场应当是良性的、有序竞争的市场，是有监管的市场。市场的最终目的，是为供给者和消费者服务，通过为供给者和消费者服务取得自身的利益，而不是牟取暴利。作为胡萝卜产品的经营者，是胡萝卜产品的供给者，只有增强市场意识，才能把握商机；只有抓住胡萝卜消费者对胡萝卜产品特色、胡萝卜文化特色向往的心理需求，注重对胡萝卜产品的深层次开发，才能扩展经营思路，制作具有民俗文化特色或地域特色的纪念品，才能带动胡萝卜产业结构的调整以及农民致富，促进胡萝卜的发展。

1. 搞好基础设施建设，增强经营者的信息意识

十七届三中全会通过的《中共中央关于推进农村改革发展若干重大问题的决定》指出，加强农村基础设施和环境建设。加强农村公路建设，尤其是要推进广电网、电信网、互联网"三网融合"，积极发挥信息化为农服务的作用。农村基础设施建设好了，才能使农民走出去亲身感受市场经济的影响；作为经营胡萝卜产品的经营者，只有具有走向市场的积极性和主动性，才能及时获得新的市场信息，才能及时收集和分

析市场行情，了解胡萝卜产品的供给和需求动态，才能更好地增加自身收入，提高胡萝卜产品的综合效益。

2. 筑牢教育培训平台，培育胡萝卜经营者的市场参与意识

在晋江的很多乡镇，要广泛深入地普及科学文化知识，传播科学思想和科学精神，使广大农民树立科学的世界观。尤其是要开设胡萝卜方面的科技知识课程和实用技术课程，以培养发展胡萝卜产业所需的新型人才。同时，应培养他们的进取精神，使他们成为有技术、善经营、会管理的新型农民。特别是晋江市乡土观念根深蒂固，农村成人教育既是难点也是盲点。要重点培养农村基层干部、农民企业家和青年知识分子的市场参与意识。使农村基层干部、农民企业家及青年知识分子成为胡萝卜产业发展中的骨干，强化对他们的教育培训工作，做到以点带面，分层次有重点地进行，以带动和影响周围农民的市场参与意识。

3. 成立合作社，提高新型农民的竞争和合作意识

农民组织化是引导当代中国农民顺利走进社会主义市场经济的必然选择，农村专业合作社已经成为大多数农村社会经济发展中不可替代的力量。从党的十六届三中全会上提出"支持农民按照自愿、民主的原则，发展多种形式的农村专业合作组织"到2006年10月31日通过的《中华人民共和国专业合作社法》，都促进了晋江新型农民专业合作经济组织的发展。晋江胡萝卜种植范围内也建立了不少由农民自己组织起来的新型合作经济组织。它降低了专业化分工生产成本，提高农民生产效率，促进晋江农民市场意识的提高和发展胡萝卜产业的合作意识。

4. 实行合理的营销策略

从传统单一的农业生产转型为以胡萝卜种植、加工、销售、服务等多功能的胡萝卜产业，在观念与行为上都与传统农业的产销工作大相径庭，所以一般的经营者大多缺乏市场导向的观念及营销经验和实务，无法根据市场的供求规律确立营销策略，开创消费市场。未来晋江的胡萝卜产业经营者要加强对胡萝卜消费者的行为分析，针对不同人群、不同年龄层次、不同的地区和国家及不同教育程度的目标人群的需求，设计相应的胡萝卜产品并提供服务。根据资源特性，设计相应的胡萝卜产品。依据成本及竞争因素，合理确定胡萝卜产品与服务的价位。选择综合效益最大的营销策略，直探市场，锁定目标人群，并节省时间与成本。善用推广策略，以最低成本达到最高的促销效果。胡萝卜产品经营亦要加强策略联盟或连锁经营，使晋江胡萝卜资源互补互利，避免恶性竞争，以达双赢的目标。

三、市场：完善功能和体系

市场是胡萝卜产业发展的中枢，也是胡萝卜产品流通的集散地，建设现代化的胡萝卜批发市场对引导和促进产业发展有着重要的作用，为保证胡萝卜产业可持续发展，在市场建设过程中应做好以下工作：

1. 提高政府及企业对市场的认识、重视和支持市场建设

市场不但具备交易、结算等流通功能，同时还具备节约流通费用、配置社会资源、是国家对社会经济实行间接管理的中介和手段、对企业的生产经营活动进行直接导向、保证社会经济效益最大化的公益等功能，政府应给予足够的重视。政府在市场建设中始终要处于主导地位，在市场运行之初应给予支持，投入必要的资金和规划并提供相应的场地，并且要引导商家规范经营和保证市场信息畅通，逐步制定一批与胡萝卜产业发展相适应的流通法规和技术指标，完善登记标准及包装、检疫标准，加强行业自律性和规范性，建立其公平的竞争机制，保证市场顺畅。

2. 加快胡萝卜专业市场建设、规范市场流通秩序

晋江当前的胡萝卜市场主要是依托厦门同安的批发市场，自身还没有专门的批发市场和大型综合批发市场。为此，晋江市委、市政府和各乡镇政府和有关企业双方都应做出努力，加大晋江胡萝卜市场建设的力度，完善胡萝卜市场设施，提供冷库等储藏条件，改善服务方式，建设物流企业等，规范市场流通和运作，提高管理水平和利用效率。同时通过宣传进一步提高胡萝卜市场的知名度，吸引大批的胡萝卜商家参与到市场中来，最大限度地发挥晋江胡萝卜专业市场的作用，使胡萝卜专业市场真正起到产业的辐射带动作用。

3. 改进批发市场交易方式，推动流通现代化

以往的批发市场交易方式，效率低下，应适当采用电子交易方式，可从根本上减少批发市场、节约交易时间、提高交易效率。市场应该结合胡萝卜产品本身的特点，加强包装标识管理、统一产品标识、统一申报认定，使胡萝卜市场在促进胡萝卜产业增效、农民增收中发挥其应有的作用。

4. 完善胡萝卜市场信息体系建设

晋江胡萝卜生产的企业规模小，且较零散。胡萝卜产品在流通过程中收货、分级、销售环节众多，流通渠道较长，信息量大且较分散。因此，在晋江迫切需要完善胡萝卜市场信息体系建设，应该在现有胡萝卜市场的基础上做到：一是完善现有胡萝卜市场的功能，发挥现有的信息系统作用，充实胡萝卜产品供给市场的信息数量。二是应充分发挥晋江市胡萝卜产业升级办公室的作用和胡萝卜行业协会的综合协调作用，重点选择具有代表性的胡萝卜产地和消费市场，定期公布不同规格的胡萝卜交易价格和交易数量信息、提高胡萝卜信息的可参考性。

5. 推行晋江胡萝卜产业标准化、加快晋江胡萝卜产业发展步伐

推行农业标准化应以农产品加工流通企业为核心，把企业利益与农民利益捆绑到一起，形成共存共荣的发展局面，鼓励企业出面联系科研机构或聘用技术人员向农民提供技术指导，提高农民素质，对胡萝卜生产的各个环节严格把关，切实按照胡萝卜生产标准生产、分级，提高晋江市胡萝卜产业的标准化水平，加快晋江市胡萝卜产业的发展步伐。

6. 强化监管，确保胡萝卜产品的质量和安全

胡萝卜产品质量和安全与群众日常生活消费关系密切，市场监管应从经营者资质和产品认证的两个角度，去除流通过程中的危险因素。一是晋江胡萝卜市场管理机构应推行自律体系建设，严把胡萝卜经营主体准入关，对经营主体资格进行审查，拒绝无证无照入市，认真清理胡萝卜经营主体资格，规范其经营活动。二是完善胡萝卜经营者的信用分级监管制度，对于发生违规失信的经营者要实施重点监管，超过一定限度应强制其退出晋江胡萝卜市场。三是对于具有资格认证的有机食品、绿色食品、无公害食品应开辟绿色通道，简化入场手续，逐渐提高晋江胡萝卜市场中安全胡萝卜产品的比例，打造"晋江"品牌。

四、行业协会：加强建设、做好桥梁和服务

目前，晋江的胡萝卜产业的发展已经日益壮大，一些胡萝卜企业发展较快且初具规模，要加强各企业之间的交流与发展，一定要加强胡萝卜相关行业协会的建设，充分发挥各类胡萝卜协会在广泛联络胡萝卜产业业界、学界以及其他社会各界的沟通优势，从而开展研究和指导工作，发挥好政府和企业之间的桥梁纽带作用，科学有效地为会员和会员单位提供所需的项目咨询、规划指导等方面的服务，引导胡萝卜企业科学、健康、有效地发展，促进胡萝卜产业企业的有序竞争和可持续发展。

1. 转变政府职能

发展胡萝卜产业协会是落实宏观调控的重要手段，是政府职能转变的需要。随着市场范围的扩大，政府管理胡萝卜产业的职能将主要由政府干预转变为制定和执行宏观调控政策，搞好基础设施建设，创造良好的胡萝卜产业发展环境，把不应由政府行使的职能逐步转给企业、市场和社会中介组织，这样，胡萝卜产业的发展才能从一个被束缚的地界转到一个自由的环境，不断寻求更多的发展之路。从晋江胡萝卜相关行业协会的实践来看，围绕产品、依托某个载体建立胡萝卜行业协会，对于转变政府职能、提高胡萝卜产业市场竞争力具有特别重要的意义。国外的实践也表明，行业协会对于加强行业管理、促进行业发展、提高行业产品竞争力具有十分重要的作用。

在当前，晋江各相关涉及胡萝卜产业的部门，应把发展胡萝卜产业协会作为转变政府职能、提高胡萝卜产品竞争力的重要手段，让市场的作用代替政府的干预，使晋江胡萝卜产业协会有发展的空间，为胡萝卜产业的发展提供更好地服务。同时发展胡萝卜产业协会离不开政府和企业的支持。

协会是不以营利为目的的社会中介组织，本身就没有利润可得，然而当协会开展活动时需要一定的经费，其经费主要来自会费，但其数量非常有限，特别是在发展之初，有的协会基本费用都难以维持，活动便很难开展，对行业的一些职能作用也就不易发挥。所以，政府应给予晋江胡萝卜产业协会一定数额的经费支持，并在人员配置与办公条件等方面给予相应支持。

2. 胡萝卜产业协会搞好服务，发挥桥梁作用

胡萝卜产业协会虽离不开政府的支持，但政府也不能全权包办，在办协会的过程中必须坚持以全心全意为会员开展全方位服务为宗旨，以服务提高凝聚力，以服务质量谋求好发展。在发展胡萝卜产业协会时，必须要基于发起者自身的需要。从协会的发起情况看，一般有两种形式：即政府推进型和会员自发型。政府推进型是在政府的推动下组织建立的协会；会员自发型是会员自发组织起来的行业协会。晋江市的胡萝卜企业较多，应当结合政府推进型和会员自发型两种形式，积极建设胡萝卜产业协会，为胡萝卜产业的发展创造更加良好的条件。

加强行业自律，促进胡萝卜产业发展。发展胡萝卜产业协会是加强行业管理、促进企业健康发展、提高农业产业化经营主体组织化程度的重要手段。发展胡萝卜产业，可以把各种农业资源转化成经济优势，利用这些资源创造出更多的收入，从而提高农村的整体经济实力。如果建立各种地区性和全市性的胡萝卜专业协会，这样就会更加完善社会主义市场经济条件下的农业经营体制，极大地促进农民增加收入。在晋江胡萝卜资源较为丰富，胡萝卜协会应加强行业自律，促进晋江胡萝卜的可持续发展。

大力开展胡萝卜产业的宣传和推介活动。宣传、推介胡萝卜产业，以提高晋江胡萝卜产业的知名度，尤其是"晋江"品牌的知名度，促进晋江胡萝卜产业的快速发展。大力开展晋江和全国各胡萝卜产业协会的经验学术交流和合作，以提高晋江胡萝卜产业建设和管理水平。大力开展技术咨询和服务。胡萝卜产业协会应研究并掌握相关行业的最新技术资料，及时为相关单位、企业和农民提供咨询服务，及时向政府有关部门反映胡萝卜产业工作者的意见、建议和要求，逐步提高晋江胡萝卜产业的整体水平。大力开展胡萝卜产业行业内的服务规范活动。在行业内规范服务项目、内容和标准，指导会员单位搞好优质服务，并在全市胡萝卜产业经营单位和经营者、管理者中评选先进单位、先进个人和优秀会员，尤其要配合国家、省、市胡萝卜产业协会和晋江市胡萝卜产业升级办公室，做好胡萝卜产业示范企业的评定工作。

胡萝卜协会应当是政府发展胡萝卜产业的好参谋。注重搜集和整理胡萝卜产业建设和发展中的情况和资料，为政府制定发展胡萝卜产业的方针政策、发展规划提供参考材料，并提出合理化建议。

参考文献

陈清 . 2004. 关于县域经济问题的若干思考［J］. 学术论坛，（1）：84-88.

陈志 . 2001. 以胡萝卜为主原料的复合果蔬汁［J］. 食品工业科技，22（1）：28-29.

陈栋生 . 1993. 区域经济学［M］. 郑州：河南人民出版社 .

程炯 . 2001. 闽东南区域特色农业的生态学研究——以漳州为例［D］. 福建：福建师范大学 .

程必定 . 1989. 区域经济学［M］. 合肥：安徽人民出版社 .

崔雨晴 . 2011. 仙居杨梅特色农业发展的可持续性研究［D］. 浙江：浙江农林大学 .

丁俊伟 . 2015. 晋江市胡萝卜种植土壤养分状况分析［J］. 福建农业科技，（11）：16-18.

杜肯堂，戴士根 . 2004. 区域经济管理学［M］. 北京：高等教育出版社 .

方志鹏 . 2010. 出口胡萝卜栽培技术［J］. 福建农业科技，（1）：40-41.

冯中波，徐敏，贺君，等 . 2008. 营养保健型胡萝卜果脯的研制［J］. 方辉食品工业科技，16（4）：59-61.

福建省统计局农村处 . 2003—2011 年 . 福建农村统计年鉴［M］. 北京：中国统计出版社 .

付学坤 . 2005. 农业产业化经营与县域经济发展研究［D］. 四川：四川大学 .

傅蕙英 . 2006. 胡萝卜应用价值与开发前景［J］. 北京：农业产业化，（2）：39-41.

宫元娟，曾日新，田素博，等 . 2006. 胡萝卜精细加工技术及其综合应用［J］. 农业工程学报，22（4）：199-203.

侯旭杰，郭明，陈红军 . 2001. 纯天然胡萝卜、枸杞、甘草复合保健饮料研制［J］. 食品工业科技，22（1）：55-56.

胡文忠，李柏，徐萍 . 2008. 茄汁大豆胡萝卜罐头的研制［J］. 食品科学，

（7）：22.

黄海平．2010.基于区域竞争力的新疆特色农业产业集群发展研究［D］.新疆：石河子大学．

纪生疆，朱天赐．2007.缺水地区集雨池建设工程的实施与效果初探［J］.中国农学通报，8（23）：480-481.

蒋爱民，李元瑞，朱粗武，等．2008.胡萝卜牛肉酱罐头的研制［J］.食品科学，（7）：22.

李瑛，黄梅莉，等．2008.全天然胡萝卜酱的研制［J］.食品工业科学技术，（6）：41-44.

李桂琴，闫鹏．2007.胡萝卜纸型蔬菜加工工艺研究［J］.食品工业（果蔬加工），（4）：18.

李金良，贺洪海．2000.必须大力发展特色农业［J］.经济师，（5）：9.

李凯锋，杨炳南，杨薇，等．2015.国内外胡萝卜种植现状及播种机研究进展［J］.农业工程，5（1）：1-5.

李向刚．2011.胡萝卜种植技术［J］.吉林蔬菜，（3）：11-12.

林普浪，张国．2003.中国农业发展问题报告．北京：中国发展出版社．

刘李峰．2006.我国胡萝卜产业发展现状分析［J］.上海蔬菜呢，（2）：4-6.

刘兆德，虞孝感．2002.经济发达地区环境与社会经济关联分析［J］.农业系统科学与综合研究，18（3）：197-202.

刘志民，刘华周，等．2002.特色农业发展的经济学理论研究［J］.中国农业大学学报（社会科学版），（1）：9-11.

罗玲霞．2015.塑料大棚胡萝卜收后复种大白菜栽培技术［J］.农业科技与信息，（11）：46-47.

马超，王天文，李锦康．2012.胡萝卜的主要性状及β-胡萝卜素含量分析［J］.北方园艺，（8）：31-33.

马强．2012.内蒙古自治区现代特色农业发展研究［D］.中国农业科学院博士学位论文，（5）.

牛若峰．2002.当代农业产业一体化经营［M］.南昌：江西人民出版社．

潘正宗．2014.本溪县发展特色农业研究［D］.吉林大学硕士学位论文，（12）.

曲悦嘉．2012.通化地区特色农业产业的选择与发展研究［D］.吉林农业大学硕士论文，（6）.

阮婉贞．2007.胡萝卜的营养成分及保健功能［J］.中国食物与营养，（6）：

51-53.

沈海燕，梁诗，陈清智，等 . 2003. 胡萝卜新品种 SK4-316 及高产优质栽培技术[J]. 农业科技通讯，（10）：17.

素京文 . 2000. 中国区域经济教程 [M]. 南宁：广西人民出版社 .

汪芳安，黄泽元，段军艳 . 2001. 无蔗糖胡萝卜软糖的研制 [J]. 食品工业科技，22（1）：48-49.

王如松，胡聃，王祥荣，等 . 2004. 城市生态服务 [M]. 北京：气象出版社 . 123-127.

王卫东，谢伟，何伟 . 2001. 复合红枣—胡萝卜清型饮料的研制 [J]. 食品工业科技，22（1）：32-33.

谢莉 . 2003. 湘南地区特色农业发展及其区域布局初探 [J]. 经济地理，（2）：264-266.

徐鹤生 . 2001. 大蒜、胡萝卜汁复合饮料的研制 [J]. 食品工业科技，2（1）：62-63.

许文默，韩志君 . 福建晋江市高优胡萝卜种植气象条件利弊分析 [J]. 中国园艺文摘，2014（3）：16-18.

薛彦棠，焦瑞莲 . 2002. 胡萝卜垄作双行种植 [J]. 农业科技与信息，（7）：15.

薛珠政 . 2007. 加工出口型胡萝卜无公害栽培技术 [J]. 长江蔬菜，（4）：15-19.

严怡红 . 2004. 胡萝卜食品的加工开发 [J]. 中国食物与营养，12：1-2.

杨敬宇 . 2010. 甘肃区域特色农业现代化政策研究—基于现代生态农业的视角 [D]. 兰州大学博士学位论文，（5）.

姚庆林 . 1999. 坚持市场取向发展特色农业 [J]. 农村经济，（2）：10-11.

于玉红，谭慧明，李超，等 . 2013. 十三个胡萝卜新品种引种试验 [J]. 北方园艺，（8）：36-38.

袁鹏飞，张俊才，田治远 . 2013. 胡萝种植模式与机械化分析 [J]. 农业机械，（7）：105-106.

曾献春，刘金宝，李晓华 . 2009. 番茄、胡萝卜乳酸菌发酵饮料的研制 [J]. 食品工艺研究，（5）：33-34.

翟颖丝，李淑婷，谢慧明 . 2009. 低糖果味胡萝卜脯加工工艺的研究 [J]，4（4）：50-52.

张放 . 2005. 都市农业与可持续发展 [M]. 北京：化学工业出版社 . 9-13.

张琪 . 2008. 草莓、胡萝卜复合低糖果酱的研制 [J]. 食品工业科学技术，

（2）：32.

张安文.2013. 新型胡萝卜品种筛选及栽培技术研究［D］. 安微：安徽农业大学.

张宏伟.2012. 胡萝卜高产优质起垄栽培技术［J］. 农业技术与装备，（9）：52-53.

中国年鉴编辑委员会.2003—2009. 中国农业年鉴［M］. 北京：中国农业出版社.

庄飞云，欧承刚，赵志伟.2008. 胡萝卜育种回顾及展望［J］. 中国蔬菜，（3）：41-44.

Randy Stringer. How important are the "non-traditional" economic roles of agriculture in development［J］. Asian-Pacific Economic Literature，2001，Volume 15.

Shumway，R. C，R. D. Pope. Nash. 1984. Allocatable Fixed Inputs Jointness in Agricultural Production：Impications for Economic Modeling［J］. American Journal of Agricultural Economics，66（1）：72-78.

附　　录

附录1：营养指标定义

1. 能量

能量指食品中蛋白质、脂肪、碳水化合物等产能营养素在人体代谢中产生能量的总和。

2. 蛋白质

蛋白质是组成人体一切细胞、组织的重要成分。机体所有重要的组成部分都需要有蛋白质的参与。一般说，蛋白质约占人体全部质量的18%，最重要的还是其与生命现象有关。

植物蛋白是蛋白质的一种，来源是从植物里提取的，营养与动物蛋白相仿，但是更易于消化。含植物蛋白最丰富的是大豆。但在饮食中，植物蛋白和动物蛋白要搭配食用。

3. 脂肪

食物中的油脂主要是油和脂肪，一般把常温下是液体的称作油，而把常温下是固体的称作脂肪。脂肪由 C、H、O 三种元素组成。脂肪是由甘油和脂肪酸组成的三酰甘油酯，其中甘油的分子比较简单，而脂肪酸的种类和长短却不相同。脂肪酸分三大类：饱和脂肪酸、单不饱和脂肪酸和多不饱和脂肪酸。脂肪可溶于多数有机溶剂，但不溶解于水。是一种或一种以上脂肪酸的甘油脂

4. 碳水化合物

由碳、氢和氧三种元素组成，由于它所含的氢氧的比例为2：1，和水一样，故称为碳水化合物。它是为人体提供热能的三种主要的营养素中最廉价的营养素。食物中的碳水化合物分成两类：人可以吸收利用的有效碳水化合物如单糖、双糖、多糖和人不能消化的无效碳水化合物，如纤维素，是人体必需的物质。

5. 钠

钠是一种金属元素，在周期表中位于第 3 周期、第 I A 族，是碱金属元素的代表，质地柔软，能与水反应生成氢氧化钠，释放出氢气，化学性质较活泼。钠元素以盐的形式广泛的分布于陆地和海洋中，钠也是人体肌肉组织和神经组织中的重要成分之一。

6. 膳食纤维

膳食纤维是一种多糖，它既不能被胃肠道消化吸收，也不能产生能量。因此，曾一度被认为是一种"无营养物质"而长期得不到足够的重视。

然而，随着营养学和相关科学的深入发展，人们逐渐发现了膳食纤维具有相当重要的生理作用。以至于在膳食构成越来越精细的今天，膳食纤维更成为学术界和普通百姓关注的物质，并被营养学界补充认定为第七类营养素，和传统的六类营养素——蛋白质、脂肪、碳水化合物、维生素、矿物质与水并列。

约万余年前，最早的农业社会建立后，人们在开始选择高脂肪动物食品的同时，仍大量食用高纤维的植物性食物充饥。直到发明了谷类粗加工工艺后，埃及人第一次吃上了"白面包"。以后，注重健康的古希腊人发现吃全谷粒黑面包时大便增加。此后，在一段很长的时期内，人们对膳食的兴趣，反复游弋于"粗粮"与"细粮"之间。直到 20 世纪 60 年代，几位英国医生报道某些非洲国家的居民，由于食用高纤维食物，平均每日粗纤维摄入量高达 35~40g，糖尿病、高脂血症等疾病的发病率比膳食纤维摄入量仅为 4~5g 的欧美国家的居民明显降低。由此，重新唤起了人们对膳食纤维的兴趣，并开始系统的研究。

7. 总黄酮

黄酮类化合物是指以黄酮为母体的一大类化合物，广泛分布于蔬菜、水果、牧草、和药用植物中，是许多中草药的有效成分。

8. 维生素 C

维生素 C（英语：Vitamin C，又称 L-抗坏血酸）是高等灵长类动物与其他少数生物的必需营养素。抗坏血酸在大多的生物体可借由新陈代谢制造出来，但是人类是最显著的例外。最广为人知的是缺乏维生素 C 会造成坏血病。在生物体内，维生素 C 是一种抗氧化剂，保护身体免于自由基的威胁，维生素 C 同时也是一种辅酶。其广泛的食物来源为各类新鲜蔬果。

9. β-胡萝卜素

β-胡萝卜素（$C_{40}H_{56}$）是类胡萝卜素之一，也是橘黄色脂溶性化合物，它是自然界中最普遍存在也是最稳定的天然色素。许多天然食物中例如：绿色蔬菜、甘薯、胡萝卜、菠菜、木瓜、芒果等，皆存有丰富的 β-胡萝卜素。β-胡萝卜素是一种抗氧化剂，具有解毒作用，是维护人体健康不可缺少的营养素，在抗癌、预防心血管疾病、白内障及抗氧化上有显著的功能，并进而防止老化和衰老引起的多种退化性疾病。

10. 烟酸

烟酸也称作维生素 B_3，或维生素 PP，分子式：$C_6H_5NO_2$，耐热，能升华。烟酸又名尼克酸、抗癞皮病因子。在人体内还包括其衍生物烟酰胺或尼克酰胺。它是人体必需的 13 种维生素之一，是一种水溶性维生素，属于维生素 B 族。烟酸在人体内转化为烟酰胺，烟酰胺是辅酶 I 和辅酶 II 的组成部分，参与体内脂质代谢，组织呼吸的氧化过程和糖类无氧分解的过程。

11. 维生素 A

维生素 A（vitamin A）又称视黄醇（其醛衍生物视黄醛）或抗干眼病因子，是一个具有脂环的不饱和一元醇，包括动物性食物来源的维生素 A_1、A_2 两种，是一类具有视黄醇生物活性的物质。维生素 A_1 多存于哺乳动物及咸水鱼的肝脏中，而维生素 A_2 常存于淡水鱼的肝脏中。由于维生素 A_2 的活性比较低，所以通常所说的维生素 A 是指维生素 A_1。

植物来源的 β-胡萝卜素及其他胡萝卜素可在人体内合成维生素 A，β-胡萝卜素的转换效率最高。在体内，在 β-胡萝卜素-15，15-双氧酶（双加氧酶）催化下，可将 β-胡萝卜素转变为两分子的视黄醛（ratinal），视黄醛在视黄醛还原酶的作用下还原为视黄醇。

12. 维生素 E

维生素 E（Vitamin E）是一种脂溶性维生素，其水解产物为生育酚，是最主要的抗氧化剂之一。溶于脂肪和乙醇等有机溶剂中，不溶于水，对热、酸稳定，对碱不稳定，对氧敏感，对热不敏感，但油炸时维生素 E 活性明显降低。生育酚能促进性激素分泌，使男子精子活力和数量增加；使女子雌性激素浓度增高，提高生育能力，预防流产，还可用于防治男性不育症、烧伤、冻伤、毛细血管出血、更年期综合症、美容等方面。近来还发现维生素 E 可抑制眼睛晶状体内的过氧化脂反应，使末梢血管扩张，改善血液循环，预防近视眼发生和发展。维生素 E 苯环上的酚羟基被乙酰化，酯水解为酚羟基后为生育酚。人们常误认为维生素 E 就是生育酚。

13. 维生素 B_2

维生素 B_2（化学式：$C_{17}H_{20}N_4O_6$，式量 376.37）又叫核黄素，微溶于水，在中性或酸性溶液中加热是稳定的。为体内黄酶类辅基的组成部分（黄酶在生物氧化还原中发挥递氢作用），当缺乏时，就影响机体的生物氧化，使代谢发生障碍。其病变多表现为口、眼和外生殖器部位的炎症，如口角炎、唇炎、舌炎、眼结膜炎和阴囊炎等，故本品可用于上述疾病的防治。体内维生素 B_2 的储存是很有限的，因此每天都要由饮食提供。维生素 B_2 的两个性质是造成其损失的主要原因：①可被光破坏；②在碱溶液中加热可被破坏。

维生素 B_2 在各类食品中广泛存在，但通常动物性食品中的含量高于植物性食物，如各种动物的肝脏、肾脏、心脏、蛋黄、鳝鱼以及奶类等。许多绿叶蔬菜和豆类含量也多，谷类和一般蔬菜含量较少。因此，为了充分满足机体的要求，除了尽可能利用动物肝脏、蛋、奶等动物性食品外，还应该多吃新鲜绿叶蔬菜、各种豆类和粗米、粗面，并采用各种措施，尽量减少维生素 B_2 在食物烹调、储藏过程之中的损失。

14. 盐酸硫胺素（维生素 B_1）

维生素 B_1 又称硫胺素或抗神经炎维生素或抗脚气病维生素，为白色晶体，在有氧化剂存在时容易被氧化产生脱氢硫胺素，后者在有紫外光照射时呈现蓝色荧光。由嘧啶环和噻唑环通过亚甲基结合而成的一种 B 族维生素。

维生素 B_1 主要存在于种子的外皮和胚芽中，如米糠和麸皮中含量很丰富，在酵母菌中含量也极丰富。瘦肉、白菜和芹菜中含量也较丰富。所用的维生素 B_1 都是化学合成的产品。在体内，维生素 B_1 以辅酶形式参与糖的分解代谢，有保护神经系统的作用；还能促进肠胃蠕动，增加食欲。

15. 叶酸

叶酸（folic acid）也叫维生素 B_9，是一种水溶性维生素。叶酸（folic acid）维生素 B 复合体之一，相当于蝶酰谷氨酸（pteroylglutamic acid，PGA），是米切尔（H. K. Mitchell，1941）从菠菜叶中提取纯化的，故而命名为叶酸。有促进骨髓中幼细胞成熟的作用，人类如缺乏叶酸可引起巨红细胞性贫血以及白细胞减少症，对孕妇尤其重要。

16. 钙

一种金属元素，钙是生物必需的元素。对人体而言，无论肌肉、神经、体液和骨骼中，都有用 Ca^{2+} 结合的蛋白质。钙是人类骨、齿的主要无机成分，也是神经传递、肌肉收缩、血液凝结、激素释放和乳汁分泌等所必需的元素。钙约占人体质量的 1.4%，参与新陈代谢，每天必须补充钙；人体中钙含量不足或过剩都会影响生长发育和健康。

17. 镁

镁是人体细胞内的主要阳离子，浓集于线粒体中，仅次于钾和磷，在细胞外液仅次于钠和钙居第三位，是体内多种细胞基本生化反应的必需物质。正常成人身体总镁含量约25g，其中60%~65%存在于骨、齿，27%分布于软组织。镁主要分布于细胞内，细胞外液的镁不超过1%。在钙、维生素C、磷、钠、钾等的代谢上，镁是必要的物质，在神经肌肉的机能正常运作、血糖转化等过程中扮演着重要角色。

镁是一种参与生物体正常生命活动及新陈代谢过程必不可少的元素。镁影响细胞的多种生物功能：影响钾离子和钙离子的转运，调控信号的传递，参与能量代谢、蛋白质和核酸的合成；可以通过络合负电荷基团，尤其核苷酸中的磷酸基团来发挥维持物质的结构和功能；催化酶的激活和抑制及对细胞周期、细胞增殖及细胞分化的调控；镁还参与维持基因组的稳定性，并且还与机体氧化应激和肿瘤发生有关。

18. 磷

食物中有很丰富的磷，故磷缺乏是少见的，磷摄入或吸收的不足可以出现低磷血症，引起红细胞、白细胞、血小板的异常，软骨病；因疾病或过多的摄入磷，将导致高磷血症，使血液中血钙降低导致骨质疏松。

磷存在于人体所有细胞中，是维持骨骼和牙齿的必要物质，几乎参与所有生理上的化学反应。磷还是使心脏有规律地跳动、维持肾脏正常机能和传达神经刺激的重要物质。没有磷时，烟酸（又称为维生素B_3）不能被吸收；磷的正常机能需要维生素D（维生素食品）和钙（钙食品）来维持。

19. 铁

铁元素也是构成人体的必不可少的元素之一。成人体内约有4~5g铁，其中72%以血红蛋白、35%以肌红蛋白、0.2以其他化合物形式存在，其余为储备铁。储备铁约占25%，主要以铁蛋白的形式储存在肝、脾和骨髓中。成人摄取量是10~15mg。妊娠期妇女需要30mg。1个月内，女性所流失的铁大约为男性的两倍，吸收铁时需要铜、钴、锰、维生素C。需要人群：妇女特别是孕妇需要补充铁质，但要注意：妊娠期妇女服用过多铁剂会使胎儿发生铁中毒。假如您正在服用消炎药或每天必须服用阿司匹林的话，那么您就需要补充铁。经常喝红茶或咖啡的人请注意，饮用大量的红茶和咖啡会阻碍铁的吸收。

铁在代谢过程中可反复被利用。除了肠道分泌排泄和皮肤、黏膜上皮脱落损失一定数量的铁（1mg/每日），几乎没有其他途径的丢失。

20. 锌

锌是人体必需的微量元素之一，在人体生长发育、生殖遗传、免疫、内分泌等重要生理过程中起着极其重要的作用，被人们冠以"生命之花""婚姻和谐素"的美称 。

锌存在于众多的酶系中，如碳酸酐酶、呼吸酶、乳酸脱氢酸、超氧化物歧化酶、碱性磷酸酶、DNA 和 RNA 聚中酶等中，是核酸、蛋白质、碳水化合物的合成和维生素 A 利用的必需物质。具有促进生长发育，改善味觉的作用。缺锌时易出现味觉嗅觉差、厌食、生长缓慢与智力发育低于正常等表现。补锌可常吃富锌食物：如蛋白锌、生蚝、核桃、蛋黄、海产品等。

21. 硒

硒是人体生命活动中必需的微量元素之一，是人体内的抗氧化剂，能提高人体免疫力，具有多种生物功能。

硒为人和动物体内必需的微量元素。硒的营养主要是通过蛋白质特别是与酶蛋白结合发挥抗氧化作用。硒与其他微量元素、维生素具有协同作用，如硒与锌、铜及维生素 E、维生素 C、维生素 A、胡萝卜素等协同清除体内代谢废物——自由基。硒对一些金属有毒元素（如镉、汞、砷、铊等）有拮抗作用；硒能防止镰刀菌毒素（T—2）对心肌细胞、肝细胞和软骨细胞的损害；硒可抗病毒，对强致癌物质——黄曲霉毒素 B_1（AFB_1）诱导的白细胞 DNA 非程序合成有阻断作用，并可阻止乙型肝炎发展成肝癌；硒有调节并提高人体免疫功能的作用，使人体特异性免疫和非特异性免疫、体液免疫和细胞免疫功能处于相对平衡状态；硒有抗衰老作用，能使实验动物延长寿命，并具有抗疲劳效应；硒有抗辐射作用，能有效地减轻癌症放、化疗的毒副作用，增大抗癌药的剂量，有利于癌症的治疗；硒能保护视力，预防白内障发生，能够抑制眼晶体的过氧化损伤。硒在遗传领域也有一席之地，近年的研究表明，硒参与体内蛋白质、酶和辅酶的合成，硒——半胱氨酸（Se—cys）是遗传密码正常编码的第 21 个氨基酸。

22. 铜

铜是人体健康不可缺少的微量营养素，对于血液、中枢神经和免疫系统，头发、皮肤和骨骼组织以及脑子和肝、心等内脏的发育和功能有重要影响。铜主要从日常饮食中摄入。世界卫生组织建议，为了维持健康，成人每 kg 体重每天应摄入 0.03mg 铜。孕妇和婴幼儿应加倍。缺铜会引起各种疾病，可以服用含铜补剂和药丸来加以补充。

铜在人体内含量为 $100\sim150mg$，血清铜正常值为 $100\sim120\mu g/dL$，是人体中含量位居第二的必需微量元素。含铜的酶有酪氨酸酶、单胺氧化酶、超氧化酶、超氧化物歧化酶、血铜蓝蛋白等。铜对血红蛋白的形成起活化作用，促进铁的吸收和利用，在传递电子、弹性蛋白的合成、结缔组织的代谢、嘌呤代谢、磷脂及神经组织形成方面有重要意义。

附录 2：营养指标数据及分析

1. 数据呈现

表 1 各乡镇营养指标数据 (一)

编号		能量 (kJ/100g)	蛋白质 (g/100g)	脂肪 (g/100g)	碳水化合物 (g/100g)	总膳食纤维 (g/100g)	钠 (mg/100g)	水分 %	灰分 (g/100g)	维生素C (以抗坏血酸计) (mg/100g)	β-胡萝卜素 (mg/100g)	烟酸 (mg/100g)	维生素 A (mg/100g)
1	磁灶	125.50	0.79	0.25	4.6	3.06	23.22	90.75	0.55	8.46	5.09	0.379	<0.01
2	内坑	126.33	0.78	0.25	4.7	3.12	18.95	90.53	0.68	8.95	6.85	0.389	<0.01
3	东石	123.50	0.71	0.18	4.7	3.08	22.79	90.62	0.68	7.98	5.41	0.379	<0.01
4	永和	90.00	0.67	0.20	2.8	2.97	14.30	93.00	0.36	9.16	5.64	0.896	<0.01
5	英林	97.75	0.62	0.18	3.1	3.58	26.45	91.93	0.63	8.48	6.19	0.469	<0.01
6	安海	106.83	0.58	0.23	3.58	3.44	28.17	92.07	0.60	8.14	4.36	0.61	<0.01
7	深沪	114.67	0.62	0.13	4.50	2.85	27.63	91.37	0.52	8.00	4.40	0.61	<0.01
8	金井	127.00	0.64	0.14	5.04	3.16	40.84	90.36	0.65	8.96	3.50	0.59	<0.01
9	龙湖	126.00	0.73	0.20	4.71	3.28	26.56	90.43	0.67	7.61	5.87	0.36	<0.01
	均值	115.29	0.68	0.20	4.19	3.17	25.43	91.23	0.59	8.41	5.26	0.52	<0.01

表 2 各乡镇营养指标数据 (二)

编号		维生素E (mg/kg)	维生素 B$_2$ (mg/kg)	盐酸硫胺素 (维生素 B$_1$) (mg/kg)	叶酸 (mg/kg)	总黄酮 (以芦丁计) (g/kg)	钙 (mg/kg)	镁 (mg/kg)	磷 (mg/kg)	铁 (mg/kg)	锌 (mg/kg)	硒 (mg/kg)	铜 (mg/kg)
1	磁灶	3.51	0.0762	<0.2	<0.2	<0.5	18.38	6.20	20.5	0.52	1.4	<0.1	<1
2	内坑	3.96	0.0731	<0.2	<0.2	<0.5	20.44	6.88	19.0	1.07	1	<0.1	<1

（续表）

编号		维生素E (mg/kg)	维生素B₂ (mg/kg)	盐酸硫胺素(维生素B₁)(mg/kg)	叶酸 (mg/kg)	总黄酮(以芦丁计)(g/kg)	钙 (mg/kg)	镁 (mg/kg)	磷 (mg/kg)	铁 (mg/kg)	锌 (mg/kg)	硒 (mg/kg)	铜 (mg/kg)
3	东石	5.14	0.0474	<0.2	<0.2	<0.5	23.50	7.62	22.8	0.88	1.275	<0.1	<1
4	永和	4.09	0.0466	<0.2	<0.2	<0.5	26.34	7.33	22.1	0.52	1.4	<0.1	<1
5	英林	6.19	0.0374	<0.2	<0.2	<0.5	28.74	7.97	26.3	0.72	1.5	<0.1	<1
6	安海	5.24	0.04	<0.2	<0.2	<0.5	26.38	7.68	22.73	0.43	2.50	<0.1	<1
7	深沪	4.10	0.04	<0.2	<0.2	<0.5	25.00	13.16	17.33	7.20	0.94	<0.1	<1
8	金井	6.44	0.03	<0.2	<0.2	<0.5	25.84	8.58	27.54	0.69	1.96	<0.1	<1
9	龙湖	5.61	0.04	<0.2	<0.2	<0.5	25.05	8.21	26.15	1.30	1.41	<0.1	<1
	均值	4.92	0.05	<0.2	<0.2	<0.5	24.41	8.18	22.70	1.48	1.51	<0.1	<1

2. 异点解读（一般指标偏离于平均值10%，该处定位为异点，小部分指标由于公差较大，所以异点定位为偏离于平均值20%）

能量：能量高偏于平均值集中金井、内坑区域，能量低偏于平均值集中在永和、英林区域。

钠：钠元素高偏于平均值集中在金井区域，低偏于平均值集中在英林区域。

维生素C：普遍维持在平均值8.41mg/100g附近。

β-胡萝卜素：高偏于平均值集中在内坑、英林、龙湖区域，低偏于平均值集中在金井、安海、深沪区域，地区间差异较大，最大含量（内坑）与最小含量（金井）间差距约49%。

烟酸：高偏于平均值集中在永和区域，低偏于平均值集中在龙湖、磁灶、内坑、东石区域。

维生素E：高偏于平均值集中在金井、英林、龙湖区域，低偏于平均值集中在磁灶、内坑、深沪区域。

维生素B₂：高偏于平均值集中在内坑区域，英林、龙湖区域，低偏于平均值集中在磁灶、内坑、英林区域。

钙：高偏于平均值集中在英林区域，低偏于平均值集中在金井、龙湖区域，低偏于平均值集中在深沪区域。

镁：高偏于平均值集中在深沪区域，英林、龙湖区域，低偏于平均值集中在金井、永和区域。

磷：高偏于平均值集中在金井、深沪区域，英林、龙湖区域，低偏于平均值集中在深沪区域。

铁：高偏于平均值集中在深沪区域，龙湖区域，超出平均值近3.8倍。该点说明，该区域铁元素丰富。

锌：高偏于平均值集中在安海、金井区域，低偏于平均值集中在内坑、东石区域。

附录3：胡萝卜品种介绍

　　一般来说，胡萝卜优良品种应具备以下几个方面特点：①外观商品性要好。肉质根圆柱形或圆锥形，皮色鲜亮，根茎整洁，收尾齐圆，整齐美观。②营养成分含量要高。肉质根含胡萝卜素，维生素 C 溶性固形营养成分高，保健作用好。③丰产潜力要大。每亩产量在 3 000~5 000kg，而且产量稳定，不因气候变化而忽高忽低。④叶簇较小，叶片数少，叶茎直立或半直立，适宜增加群体密度提高产量。⑤肉质根心柱要细。肉质根表皮平滑无凸起，韧皮肥厚而心柱木质部细瘦，肉心比例为 5∶1，而且肉质细密，水分适中，心柱颜色以红色或橙红色为佳。⑥抗逆性能要强。高抗花叶病毒病、灰霉病、黑斑病、软腐病、菌核病，耐旱、耐涝、耐高温。⑦肉质根周整。肉质根无分叉、无裂缝、无畸形，商品率在 90% 以上。除注意上述综合性状外，还要根据栽培季节、饲用、加工等特殊用途方向，选择耐抽苔、耐热、反季节和加工专用品种来栽培；肉质根粗、长、大，产量高，适用于饲喂畜禽。此外，肉质根多汁，含胡萝卜素、色素多的品种适宜加工之用。胡萝卜品种按肉质根的颜色可分为红、黄、紫等类型。按肉质根的长短可分为长、中、短三类。按形状可分圆柱形、锥形、球形三类。按其主要用途分为生食、熟食、加工、饲料四类。其中，有的是兼用类型。因此，对肉质根选择要根据销售和用途来选择，才能达到选择优良品种的目的，获得较高的效益。

一、地方优良品种介绍

1. 宝鸡透心红

陕西省宝鸡市陈仓区千河镇地方品种，并且店底村所产久负盛名。幼苗叶茎为绿

宝鸡透心红

色，叶片绿色，三回羽状复叶，裂片披针形，叶柄绿色。单株 12~14 片叶，叶茎半直立。肉质根圆柱形，根长 11~18cm，根茎粗 3~4cm，单根重 90~200g，肉心比为 4∶1。

表皮平滑，皮色鲜红，肉色淡红，心柱细，呈橙色。关中西部地区生育期秋播95~110天，春播120~130天。抗病抗逆性强。

2. 岐山透心红

陕西省宝鸡市岐山县地方品种。叶茎半直立，叶柄绿色，三回羽状复叶。肉质根锥形，上部粗，尾部尖，根长12~20cm，根茎粗2~3.5cm，单根茎重90~150g，肉心比5∶1。表皮鲜红色，肉橙红色。一般每亩产量为2 000~3 000kg。抗病性强，商品性好。

岐山透心红

3. 野鸡红

陕西关中地区农家品种。叶簇半直立，叶绿色，长40~60cm，功能叶12~15片。肉质根长圆柱形，长25~30cm，根莲粗4~5cm，单根重可达500g。外皮光滑，有光泽，皮、肉均红色。心柱粗1.3cm，浅红黄色。

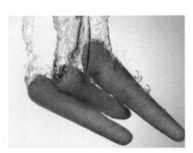

野鸡红

4. 西安齐头红

陕西省西安市农家品种，在陕西关中一带普遍栽培。叶茎半直立、色绿，高约50cm，叶长40~50cm，宽14~20cm。肉色鲜红，圆柱形，根长18~23cm，根茎3~4cm，单根重120~200g。尾部钝圆，心柱0.3~1cm，黄色。晚熟，抗病，耐热、耐寒、耐贮藏，质脆、味甜、品质佳，生食、腌渍均宜。适于秋播，一般每亩产量为2 600~3 300kg。

西安齐头红

5. 红大片

江苏省南京市地方品种，适于加工腌制，常切成红胡萝卜片，故而得名。植株半直立，株高 41cm，开展度 22cm。叶片绿色，三回羽状复叶，裂片披针形，叶柄青色。肉质根短圆柱形，根长 12cm，根莲粗 4cm，单根重 200g。皮紫红色，肉周边为浅紫红色，内部黄色带有红晕。中熟，耐热，耐旱，肉质致密，汁少，一般不做鲜食或熟食。生育期 120~130 天，每亩产量为 1 800kg。

红大片

6. 黄胡萝卜

江苏省南京市地方品种。植株半直立，株高 47cm，开展度 40cm。叶片绿色，三回

黄胡萝卜

羽状复叶，裂片披针形。肉质根长尖圆锥形，根长 22cm，根茎粗 4.2cm，单根重 150g。

皮肉皆橙黄色，尾部钝尖。中晚熟，较耐寒。味甜、多汁、脆嫩、宜煮食。生育期120~140 天，每亩产量为 2 000kg。

7. 南京长红

江苏省南京市著名地方品种。植株半直立，株高 49.4cm，开展度 49.8cm。叶片深绿色，三回羽状复叶，小叶细碎，狭披针形，有茸毛。叶柄绿色，基部带紫色，有茸毛。肉质根长圆柱形，尾部钝尖，根长 35cm，根茎粗 2.5cm，单根重 250g。皮肉均为橘红色，心柱细，韧皮部肥厚，肉质致密，汁少。晚熟，稍耐热耐旱，抗病。宜生熟食、腌渍和脱水加工。生育期 150~180 天，每亩产量为 2 000~3 000kg。

南京长红

8. 南京红

江苏省南京市城郊栽培普遍。晚熟，生育期 150~180 天，较耐寒。叶色深绿，叶柄短，平展，叶数多，采收时叶数可达 24 片左右。肉质根长圆柱形，根长约 30cm，根茎约 4cm，单根重 190~310g。尾端尖圆，皮、肉均为橘红色，肉质致密，汁少，心柱较细，但甜味较淡，品质中等，宜煮食或腌渍。立秋播种，12 月至翌年 2 月收获。

南京红

9. 扬州三红

江苏省扬州市地方品种，又名丁香胡萝卜。肉质根橘红色，韧皮部与木质部色泽一致，长圆形，表皮光滑，尾部尖圆，根长 16~20cm，根莲粗 2.5~2.7cm，单根重

70~200g。肉质致密，汁多，味甜而脆，品质较优。抗病能力强，宜秋播，长江中下游地区"小暑"至"大暑"节气播种，"大雪"收获，每亩产量为 2 000~2 500kg。

扬州三红

10. 北京二英子

北京市农家品种。目前在北京地区尚有小面积栽培，为中熟品种。肉质根圆锥形，根长 25cm 左右，上端根茎粗 4cm 左右，单根重 100~150g。表皮深红色，露出地面部分为紫红色，根肉色为淡橘红色，质脆，水分中等，味稍淡，适宜熟食和腌渍加工。

北京二英子

11. 北京鞭杆红

北京市郊区农家品种。中晚熟，生育期 90~100 天。叶色深绿，叶柄带黄色。肉质

北京鞭杆红

根长30cm，根莲粗3.0~3.5cm，长圆锥形，根肉深红色，心柱较细，单根重150g。肉细味甜，品质好，每亩产量为2 000~2 500kg。

12. 济南鞭杆

山东省济南市郊区地方品种。叶簇偏直立，叶绿色。肉质根长圆锥形，根长20~26cm，单根重250g。肉质根皮鲜红色，心柱黄红色，肉质致密。该品种适合秋播，生育期110天，耐贮藏，适合菜用或腌渍。

济南鞭杆

13. 蜡烛台

山东省济南市郊区地方品种，又叫济南红、大红顶。北京、河北、山西均有栽培。叶为绿色或淡绿色，叶较宽，长势强，晚熟。肉质根长圆锥形，长40~45cm，最大直径4cm，单根重320g左右。表皮光滑，皮、肉均鲜红色，心柱略呈黄色，肉质细密，适合腌渍。耐贮藏，产量高。

蜡烛台

14. 泰安小缨

山东省泰安市郊区地方品种。叶簇偏直立，叶色深绿。肉质根长圆锥形，根长22cm左右，单株重250g左右，皮肉均呈橙红色。该品种适合秋播，生长势强，生育期110天，品质较好，适合熟食。

泰安小缨

15. 烟台三寸

山东省烟台市地方品种。肉质根短圆锥形，外皮与肉均为橘红色，根长 10~15cm，根茎粗 4cm，单根重 120~150g。心细，肉肥厚，味甜，宜生食。耐热，早熟，生育期 90 天。不易抽苔，为优良的秋、春两用品种。

烟台三寸

16. 烟台五寸

山东省烟台市郊区地方品种。叶簇直立，叶绿色。肉质根呈短圆锥形，根长 15~20cm，肉质根皮均呈橘黄色。肉质紧密，味甜，含水量中等。该品种适应性较强，宜于春播，生育期 75 天左右。在坚硬地块上栽培时其肉质根易分叉。

烟台五寸

17. 小顶金红

辽宁省辽阳市农家品种，我国北方地区均有栽培。叶簇直立，长势强，叶绿色，叶面有茸毛。肉质根长圆锥形，根长 30～35cm，根莲粗 3～4cm。皮、肉均为橙红色，心柱细瘦。侧根少，耐旱、耐贫瘠、耐贮藏。

小顶金红

18. 黄金条

江西省龙南县农家品种。肉质根长圆锥形，表皮光亮，皮和肉均为黄色。心柱细小，肉质细密，爽脆味甘。每亩产量为 1 500kg 左右。主供加工之用。

黄金条

19. 齐头黄

齐头黄

内蒙古自治区西部农家品种。叶藤直立或半直立，绿色。肉质根短圆柱形，部分露出地面。皮、肉均为黄色，肉质根头部黄绿色，表面光滑，根长 16～20cm，最大根茎粗 5～7cm，单根重 350～400g。心柱黄色，直径 2.5～3.5cm。生育期 120～130 天。适应性强，病虫害少，耐寒、耐旱、耐贮运。

20. 潜山红

安徽省潜山县地方品种。生长势较强，单株功能叶片 14～16 片，叶长 20～30cm。肉质根长圆锥形，小圆顶，根长 30cm，根莲粗 3～4cm，单根重 150～200g。皮、肉均为橙红色，汁少、味甜，肉质细密。适合秋季栽培，育期约 120 天。

潜山红

21. 小顶黄

山西省河津市地方品种，又名细心黄。生长势强，抗病性强。功能叶 13～15 片。肉质根长圆筒形，根长 18cm 左右（最长可达 25cm），根莲粗 5cm 左右（最粗可达 8cm），单根重 250g 左右（最重可达 700g）。外皮黄色，透亮，肉质根汁多味甜，肉质脆嫩，生、熟食皆宜。生育期 120 天左右。

小顶黄

22. 菊花心

湖北省武汉市地方品种，又名三寸长、汉川红。叶簇直立，绿色，叶柄有茸毛。肉质根圆柱形，表皮光滑，皮、肉均橘红色，心柱外层与心柱之间有一轮黄色波纹，横切面似"菊花心"。适应性强，质脆多汁，耐贮性差。单根重 100～200g，每亩产量为 1 500kg，生熟食皆宜。

菊花心

23. 长沙红皮

湖南省长沙市地方品种，又叫炮筒子。叶簇半直立，肉质根圆柱形，皮、肉均橙红色。根长 182cm，根茎粗 3.8cm，单根重 100g 左右。适合秋播，每亩产量为 1 500～2 000kg。

长沙红皮

24. 上海长红

上海市地方品种。叶簇半直立，叶数 14 片左右，叶柄淡绿色。肉质根长圆柱形，根长 30～40cm，根茎粗 2.5cm 以上，单根重 100～150g。表皮光滑，皮、肉均呈橘红色，心柱细，肉质细致，味较甜，多汁，品质好，宜熟食。中晚熟，生育期 120 天左右，较耐热，耐寒性中等。适合于秋播，春播易抽苔。

上海长红

二、国内选育优良品种介绍

1. 宝鸡新透心红

宝鸡农业学校选育，1996年通过陕西省农作物品种审定。叶绿色，叶柄紫红色，单株功能叶片12~14片，叶丛半直立，株高35cm。成品肉质根美观，属圆柱形，两头匀称，根长18~26cm，根茎粗4~5cm。皮色鲜红、肉色红、表皮光滑，肉质脆嫩，心柱细而呈橘红色，品质好。经西北黄土高原测试中心与陕西省食品监测站测定，含蛋白质8.86%、脂肪1.45%、总糖6.41%；每100g鲜重含胡萝卜素4.47mg、维生素C 7.27mg；每100g干重，含钙39.6mg、维生素压0.31mg、维生素B 20.228mg。产量高，商品性好；生食甜，熟食香，味道适口，品质优良。关中地区春播生育期120~130天，夏播100~110天，中早熟。平均每亩产量为4 000kg左右。

宝鸡新透心红

2. 红芯一号

红芯一号

北京市农林科学院蔬菜研究中心培育，春、夏、秋播配套新品种，属黑田五寸类杂交种。三红品种，柱形，心细。根长21cm，根垄粗5~6cm，肉质根钝形，表面光滑，畸形根率低。耐热、耐旱、较耐低温，适宜胡萝卜主产区夏、秋季栽培。品质佳，是鲜食与加工的理想品种。抗黑斑病及线虫病。生育期 105～110 天，中早熟，每亩产量在 5 000kg 以上，丰产性好。

3. 红芯二号

北京市农林科学院蔬菜研究中心培育，菊阳五寸类杂交种。三红品种，柱形，心细。根长 20cm，根茎粗 5～6cm，平均单根重约 250g。耐热、耐旱，畸形根率低，生育期 100 天，早熟，抗病高产，每亩产量为 5 000～6 000kg。

红芯二号

4. 红芯三号

北京市农林科学院蔬菜研究中心培育，金港五寸类杂交种。三红品种，柱形，心细。根长 20cm，根茎约 5cm，口感好，品质佳，鲜食与加工兼用。适合夏、秋季播种，生育期约 105 天，中早熟，每亩产量为 5 000kg。

红芯三号

5. 红芯四号

北京市农林科学院蔬菜研究中心培育的杂交种。其地上部分长势较旺，叶色浓绿，冬性强，不易抽苔。肉质根尾部钝圆，外表光滑，皮、肉、心鲜红色，形成层不明显。肉质根长 18～20cm，根莲粗 5cm，单根重 200～220g。耐低温，低温下膨大快，抗逆性强，适合春季播种，生育期 100～105 天，每亩产量为 4 000kg 左右。

红芯四号

6. 红芯五号

北京市农林科学院蔬菜研究中心培育的杂交种。其叶色浓绿，地上部分长势旺，抗抽苔性较强。肉质根光滑整齐，尾部钝圆，皮、肉、心鲜红色，心柱细。根长20cm，根垄粗5cm，单根质量约220g。胡萝卜素含量高，每100g胡萝卜含胡萝卜素11~12mg。干物质含量高，口感好，适合鲜食、脱水与榨汁等加工之用。宜于春季播种，生育期100~150天，每亩产量为4 000~4 500kg。

红芯五号

7. 京红五寸

京红五寸

北京市农林科学院蔬菜研究中心培育。黑五寸类杂交种，三红品种。根长8~

20cm，根莲粗 5~6cm，柱形。品质好，抗病性强。适合夏、秋季栽培，中早熟，生育期 100 天，每亩产量为 5 000kg，丰产性好。

8. **夏优五寸**

北京市农林科学院蔬菜研究中心培育。鲜红五寸类杂交种，生育期 100 天，中早熟，三红品种。耐热、耐旱，抗病性强，适合夏季播种。产量高，品质好，柱形，根长 20cm，根莲粗 5cm，单根重 250g，每亩产量为 4 500kg。

夏优五寸

9. 春红一号

北京市农林科学院蔬菜研究中心培育。春时金塔五寸类杂交种，生育期 105 天，中早熟。抗抽苔性强，适合春季播种，也可夏秋季种植。二红品种，柱形，根长 20cm，根茎粗 5cm，单根重 250g。抗逆性强，低温下肉质根膨大快、着色好。高产，每亩产量为 4 500kg。

春红一号

10. 春红二号

北京市农林科学院蔬菜研究中心培育。红福五寸类杂交种，生育期 90 天，早熟，是适合春、夏栽培的极早熟耐热品种。三红品种，根形整齐，柱形。口感好，品质佳，适于鲜食与加工之用。高产，每亩产量为 4 500kg 左右。

春红二号

11. 天红一号

天津市园艺工程研究所培育的三系配套杂交品种。长势强，株高52.4cm，叶簇直立、深绿，叶数8~11片。肉质根根形整齐表皮光滑，呈圆柱形，根尖圆形，表皮、韧皮部、髓部均为橘红色，根长16.7cm，根茎粗3.18cm，平均单根重121g。每100g胡萝卜含胡萝卜素11.3mg。质脆、味甜、口感好。适合夏、秋季播种，生育期100~105天，每亩留苗28 000~30 000株，产量为3 500kg左右。

天红一号

12. 天红二号

天红二号

天津市园艺工程研究所培育的三系配套杂交品种。为脱水干制专用品种，其肉质

197

根干物质含量高达12%，每100g鲜胡萝卜含胡萝卜素10.0~11.0mg。植株生长势强，株高60~65cm，叶丛直立、深绿，有8~10片叶。根形整齐，表皮光滑，呈圆柱形。根尖圆形，表皮、韧皮部、髓部均为红色。根长18~20cm，根茎粗3~4cm，平均单根重150~160g。质脆，味甜。生育期100~110天，适合夏、秋季种植。每亩留苗2 800~3 000株，产量为4 000kg左右。

13. 天红三号

天津市园艺工程研究所培育的三系配套杂交品种。为鲜食专用品种，肉质根具透明感，形状好，表皮光滑，口感脆甜，属小型精美的水果型蔬菜。植株生长势中等，株高45cm，叶直立、深绿，叶数8~10片。肉质根根形整齐，表皮光滑，呈圆柱形。根尖圆形，表皮、韧皮部、髓部均为橙红色，根长16~17cm，根茎粗2.2~2.6cm，平均单根重60~80g。每100g鲜胡萝卜含胡萝卜素8.0~10.0mg，味甜，口感好。适合夏、秋季种植，生育期80~95天，每亩留苗30 000~35 000株，产量为2 500kg左右。

天红三号

14. 天红五寸参

天红五寸参

天津市园艺工程研究所培育的三系配套杂交品种。鲜食及加工专用品种。植株生长势强，株高55cm，叶簇直立、深绿，叶数8~9片。肉质根根形整齐，表皮光滑，呈圆柱形，根尖圆形，表皮、韧皮部、髓部均为橘红色，根长 17cm 左右，根莲粗 3.5~4.0cm，平均单根重 160g。生育期 100~110 天，每亩留苗 28 000~30 000 株，产量为 4 000kg。

15. 新红

天津市蔬菜研究所（现天津科润蔬菜研究所）培育的鲜食、加工两用品种。耐热，中早熟，生育期约 100 天，适合华北、西北地区种植。单株 10~12 片叶，叶片深绿色。肉质根长圆锥形，根长 18~20cm，最大直根塞粗 4.5cm，单根重 160g。肉质根表面光滑，橙红色，心柱细，味甜，生食、熟食、加工均宜。每亩产量为 3 000kg。

新红

16. 扬州红一号

扬州红一号

江苏农学院园艺系（现为扬州大学农学院）从日本引进的"新黑田五寸"杂种后代中，经多代系选育成，1991 年通过江苏省农作物品种审定。生长势强，株高约 55cm，肉质根长圆柱形，根长 14~16cm，根莲粗 3.3cm，单根重 95~105g。皮、肉、心柱均为深橙红色，色泽均匀，心柱较细、味甜、脆嫩多汁，适宜鲜销和加工出口。适应性广，耐寒，较耐盐碱土，抗根腐病，适宜全国各地栽培。中熟，生育期 100~

120 天，每亩产量为 3 500~4 000kg。

17. 四季胡萝卜

四季胡萝卜

江苏省农业科学院蔬菜研究所从日本引进品种中筛选出的胡萝卜新品种。具有春季晚抽苔、生长快的特点。肉质根圆锥形，皮、肉均为红色，心柱细，色泽美观，适合鲜食和加工。生育期 100~120 天，宜于春播或设施栽培，可周年生产。

18. 改良夏时五寸

北京市农林科学院蔬菜研究中心培育，夏时鲜红类杂交种。叶呈浓绿色，皮、肉、心柱三红，品质极佳，是鲜食与加工的理想品种。根部吸肥性较强，肩部不容易变色，根形整齐一致，柱形、心细、光滑、收尾好、口感佳；根长 20cm，粗 5cm，单根重200~300g。耐热、耐旱，颜色深、着色快。适合我国大部分地区夏、秋季播种，中早熟，生育期 100~105 天，每亩产量可达 5 000kg。

改良夏时五寸

19. 新胡萝卜一号

新疆石河子蔬菜研究所从地方品种中选育的鲜食和加工兼用型品种。生长势强，株高 50~60cm，叶色深绿，叶面有弯毛。肉质根圆柱形，长 14~16cm，直径 4~5cm，单根重 120~140g；表皮光滑，畸形根少，皮、肉、心柱均为橙红色；质地脆甜，水分适中，耐贮藏。生育期 100~110 天，每亩产量可达 3 500kg 左右。适合新疆春、秋两季播种。

新胡萝卜一号

20. 西宁红

青海省西宁市种子管理站从地方品种中选育而成，1998年通过青海省农作物品种审定。叶簇半直立，株高35cm，叶数14片，叶长60cm，叶柄宽1.4cm、长35cm，叶柄上着生较密的白色茸毛。肉质根长圆柱形，根长15cm，根茎粗4.5cm，髓部直径1.4cm左右，单根重210g。根皮红色，较光滑，心柱较细。抗寒性、抗旱性较强，不易抽苔。每亩产量为4 500~5 000kg。适合青海地区和相似生态环境春播。

西宁红

三、引进国外优良品种介绍

1. 日本红勇人二号

引自日本。株高48cm，开展度56cm。株形较直立，不易相互遮阳，叶小、淡绿色，抗叶枯病。根长18~20cm，单根重200~250g，根形近圆筒形，收尾良好。外皮、果心鲜红色，三红率高；口味佳，耐贮运，商品性好，不易出现因露根引起的青头现象。最适合3月上中旬春播，也可5月中下旬夏播。

日本红勇人二号

2. 改良新黑田五寸

改良新黑田五寸

引自日本。肉质根短圆柱形，根长约20cm，基部根莲粗4.5~5.0cm。干物质含量约10.1%，含糖约6.0%，胡萝卜素含量高，肉质柔软、多汁味甘、口感极佳，商品性好，是适合榨汁加工出口和鲜食的健康食品。根部颜色浓，红肉、红心，根圆筒形，肉厚、分布均匀，根长约22cm，单根重约240~300g。晚熟，长势旺，根部肥大快，裂根少，耐暑性极强，不易抽苔，适合夏季播种，生育期100~110天。

3. 新黑田五寸人参

新黑田五寸人参

引自日本。肉质根长圆柱形，光滑圆润，形态美观，橙红色，大小适中，长达5

寸（17cm）有余，根茎粗 3.5cm，平均单根重约 150~200g，大者可达 350g 以上。抗病力强，较抗寒。生食熟食均宜、食味清甜，生食脆嫩甘甜，熟食遇色不染，鲜红迷人，增人食欲。中晚熟品种，夏秋季均可播种，生育期 110 天，每亩产量 2 500~3 500kg。

4. 关东寒越

引自日本。为杂交种，中晚熟，耐热性极强。肉质根圆柱形，肉色鲜红，肉质厚，心柱细，外面光泽美观，裂根少。肉质根长 8~22cm，单根重 250g 左右。抗病性强，我国大部分地区可夏秋栽培。

关东寒越

5. 菊阳五寸人参

引自日本。根圆筒形，根长 18~22cm，根莲粗 5~6cm，单根重 180~250g。肉质根深提红色，红心红肉，肉质细嫩，清脆香甜，品质好。抗黑斑病，抗热性强。全生育期 100~110 天，适合夏秋栽培。

菊阳五寸人参

6. 红誉五寸

引自日本。是鲜食和加工兼用品种。皮、肉、心均为红色，品质优。肉质根长约 20cm，根莲粗约 3cm，单根重 100~120g。生育期 100~120 天，一般每亩产量为 2 000kg 左右，适合早春栽培。

红誉五寸

7. 金港五寸

引自日本。叶簇直立，叶色深绿，叶柄有茸毛，生长势强，抗病、耐热。肉质根圆柱形，上部稍粗、尾部钝圆、表皮光滑，皮、肉均橘红色，心柱较细；质细密而味甜，水分适中，品质佳，生、熟食皆宜。平均单根重200g，生育期90~100天，每亩产量在3 000kg左右。春、夏播均可，春季栽培不易抽苔。

金港五寸

8. 红福四寸

红福四寸

引自日本。叶小，根大，裂根少，不易抽苔。根色好，肉质根长16~18cm，单根重150~200g。生育期95天左右，适合春、夏季栽培，每亩产量为2 000kg。

9. 春禧五寸

引自日本，早熟杂交品种。生长速度快，生育期 100 天。抗病，不易抽苔。肉质根圆柱形，根长 20cm，单根重 300g 左右。肉质鲜红，内外一致，不易裂根，商品性佳。为春、夏兼用的出口型品种。

春禧五寸

10. 超级黑田五寸人参

超级黑田五寸人参

引自日本。根形良好，品质优良，生长强健。肉质根圆筒形，深橙红色、着色快，根长约 22cm，单根重约 450g。耐热性强，适合初夏、盛夏播种栽培，生育期 100~110 天。适合加工出口。

11. 特选黑田五寸人参

引自日本。长势旺盛，早熟性好，易栽培。表皮光滑，肉质根长 18~22cm，根茎粗 5~6cm，心柱细，单根重 200~300g。生育期 100~110 天，高产，适合鲜食或加工。

特选黑田五寸人参

12. 春莳鲜红五寸

引自日本。肉质根鲜红色，根形好，整齐度高。根长 20cm，单根重 200~250g，不易出现青头，商品性好。耐抽苔，最适合春播，也可夏秋季播种。

春莳鲜红五寸

13. 托福黑田五寸

托福黑田五寸

引自日本。耐热抗病，肉质根长 20cm，根重 300g 左右，根皮色、肉色和心柱色鲜红，是很受市场欢迎的夏季专用品种。生育期 105~120 天。

14. 夏萌五寸

引自日本。三红品种，色泽红艳，商品性一流。长势强，耐热抗病。肉质根长18~20cm，平均单根重可达300g。适合夏播。

夏萌五寸

15. 宝冠

引自日本。耐热、耐病性强，低温下肉质根着色、膨大良好。肉质根长可达18~20cm，根重200~220g。皮色及心柱皆深橙色，商品率高。夏播生育期110~120天，每亩产量可达4 500kg。

宝冠

16. 高冠黑田五寸

引自日本。是鲜食及加工脱水型胡萝卜高产优质新品种。着色浓重，红心、红肉、红皮。根形整齐，肉质根圆柱形，根长20~22cm，根莲粗4.5cm左右，单根重300g左右，裂根少，根肩小，收尾好。抗病耐热，宜于晚春或夏、秋季播种，生育期110~120天。

高冠黑田五寸

17. 兴农新黑田五寸

引进品种。叶色深绿，植株生长健壮，抗病、耐热、耐寒，易栽培，无须根。中心柱和表皮均为深橙红色，肉质根呈圆柱形，根长18~20cm，根重150~200g。适合夏秋季栽培，生育期110天。

兴农新黑田五寸

18. 东方红秀

东方红秀

东方正大种子有限公司从泰国引进的胡萝卜品种。叶簇绿色，半直立，株高约

40cm，长势强。肉质根圆柱形，根长约20cm，根垄粗约4cm，单根重100g左右，表面光滑，无叉根；肉橙红色，肉质致密、脆甜，胡萝卜味浓，品质优，是鲜食和加工的理想品种。生育期100~110天，耐热性强，适合我国大部分地区秋播。

19. 因卡

美国极早熟杂交品种。五寸人参形，株高40~50cm，肉质根长17cm，最大根垄粗3.8cm，单根重150~200g，表皮光滑，根的顶部无绿色或少绿色。较抗病，生育期80天左右，适宜鲜食及加工。适合我国大部分地区秋播。

因卡

20. 红心五寸人参

美国品种。株高70cm，肉质根长约14cm，最大根茎粗约6cm，单根重200~250g。根肉及心柱均为红色，味甜，品质好，鲜食、加工均宜。耐热、抗病性强，早期生长势强。中熟，生育期110天左右，适合夏秋播种。

红心五寸人参

21. 丹富士

引自美国。生长势中等，株高56cm，叶簇直立。肉质根圆柱形，长14~18cm。皮、肉、心柱均为橘红色，味甜、水分多、品质好。生、熟食皆宜，并适于加工，耐贮藏。适合春季播种，每亩产量为1 000~1 500kg。

丹富士

22. 兴农全腾

引自韩国的杂交种。叶簇直立，叶片较窄。肉质根圆柱形，整齐，外形美观，根长 12~15cm，根茎粗 3.5~4.5cm。皮、肉均橘红色，心柱细，适合春播和保护地栽培。

兴农全腾

23. 红盛三红五寸

红盛三红五寸

澳洲最新选育的胡萝卜品种。植株生长势强，叶色浓绿。肉质根长 20~22cm，上部根垄粗 4.5cm 左右；根长圆柱形，尾部钝圆，表皮光滑，畸形根发生率低；根色橙红，三红率极高，糖及各种矿物质营养成分含量高，肉质细嫩，品质极好。耐寒性强，春季栽培不易抽苔，是春、秋两季栽培的理想品种。

24. 红丽

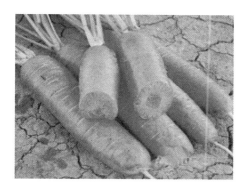

红丽

圣尼斯种子公司的一代杂交种，鲜加工两用品种。干物质含量 10%，含糖量约 6%，表皮光滑，三红率高。中早熟，抗抽苔，长势强，抗病性强，适应性强，易栽培。根形美观，圆柱形，光滑均匀，颜色鲜红，须根少，无绿肩，商品性好；根长 22cm 左右，肉质根长 17~20cm，根莲粗 4.0~4.6cm，单根重 200~250g，露土少，收尾快。生长期 100~120 天，高产品种，每亩产量 3 000~4 000kg，适合加工或保鲜、脱水出口。

25. 鲜红五寸

韩国兴农种子公司的胡萝卜汁加工专用优良品种。早熟，肉质根个筒形，根长 15~17cm，根莲粗 3.6~5cm，根重 150~170g；根皮光滑，根色深鲜红，着色均匀，商品性极佳。生长速度较快，抗寒性强。

鲜红五寸

26. 红心钱泰来

欧洲栽培的鲜食优良品种。根长 16~20cm，根茎粗 4cm 左右，皮、肉均为橙红色，心柱甜度和色泽与韧皮部相似，味甜多汁，生、熟食均可，干物质含量较低，约为8.7%。中熟，宜秋播，春播易抽蔓。

红心钱泰来

27. 老魁

引进品种。由南特斯和钱泰来的杂交后代选育而成。叶藤较直立。肉质根长圆锥形，根长 20～25cm，根茎粗 3.5～4cm，皮、肉均为红色，中心柱较粗，含干物质 15%左右，味甜多汁，生、熟食均可。晚熟，生育期 130 天左右，每亩产 2 000～2 500kg。宜秋播，春播易抽苔。

老魁

四、特种胡萝卜介绍

1. 指形胡萝卜

指形胡萝卜因肉质根形状与人之手指相似，所以俗称指形胡萝卜，也因外形小巧迷人而称为迷你指形胡萝卜。一般叶簇直立，叶色深绿，叶片小。肉质根部细长，手指形，小巧诱人。表皮光滑，根长 8～16cm，茎粗 1.3～2cm，根重 15g 左右。生长期 70～90 天，耐抽苔。可春、秋露地及春、秋、冬季保护地种植，气候温和地区可一年四季栽培。心柱细、水分多、质细腻，口感脆甜，可作为特菜（水果）生食，或作营养配餐和西餐料理。极适于作为特菜栽培，供应高中档饭店和大、中、小学校。

指形胡萝卜

2. 球形胡萝卜

指一类微型胡萝卜，因其肉质根形状与樱桃水萝卜相似，所以称球形胡萝卜。形状小巧诱人，叶簇直立，叶色深绿，叶片小。肉质根茎长 4~7cm，根茎粗 3~6cm，根呈圆球形，表皮、根肉、柱心色多一致为橙色或红色。肉质根膨大较快，地上不易露头，收尾好。耐抽苔，适合春、秋露地及春、秋、冬季保护地栽培，生育期 75 天左右，是极早熟品种。肉质根细腻，味甜可口，品质佳，适合鲜食、做西餐料理，也可作为特菜种植，供应高中档饭店及作学生的营养配餐。

球形胡萝卜